DÉCOUVERTE

1ᵉʳ FASCICULE

RÉPONSE *à la Question posée par Monsieur le Docteur Wurtz, l'illustre Doyen de la Faculté de Médecine de Paris, Membre de l'Institut, Académie des Sciences.*

(Voir son *Grand Dictionnaire de Chimie pure et appliquée*, deuxième partie du premier tome, année 1870, pages 879 et suivantes.)

Ce fascicule a été présenté à l'Académie par M. Berthelot le 24 novembre 1902 et déposé le même jour dans la Bibliothèque de l'Institut. Voir Comptes rendus du 8 décembre 1902, page 1.083.

(1)

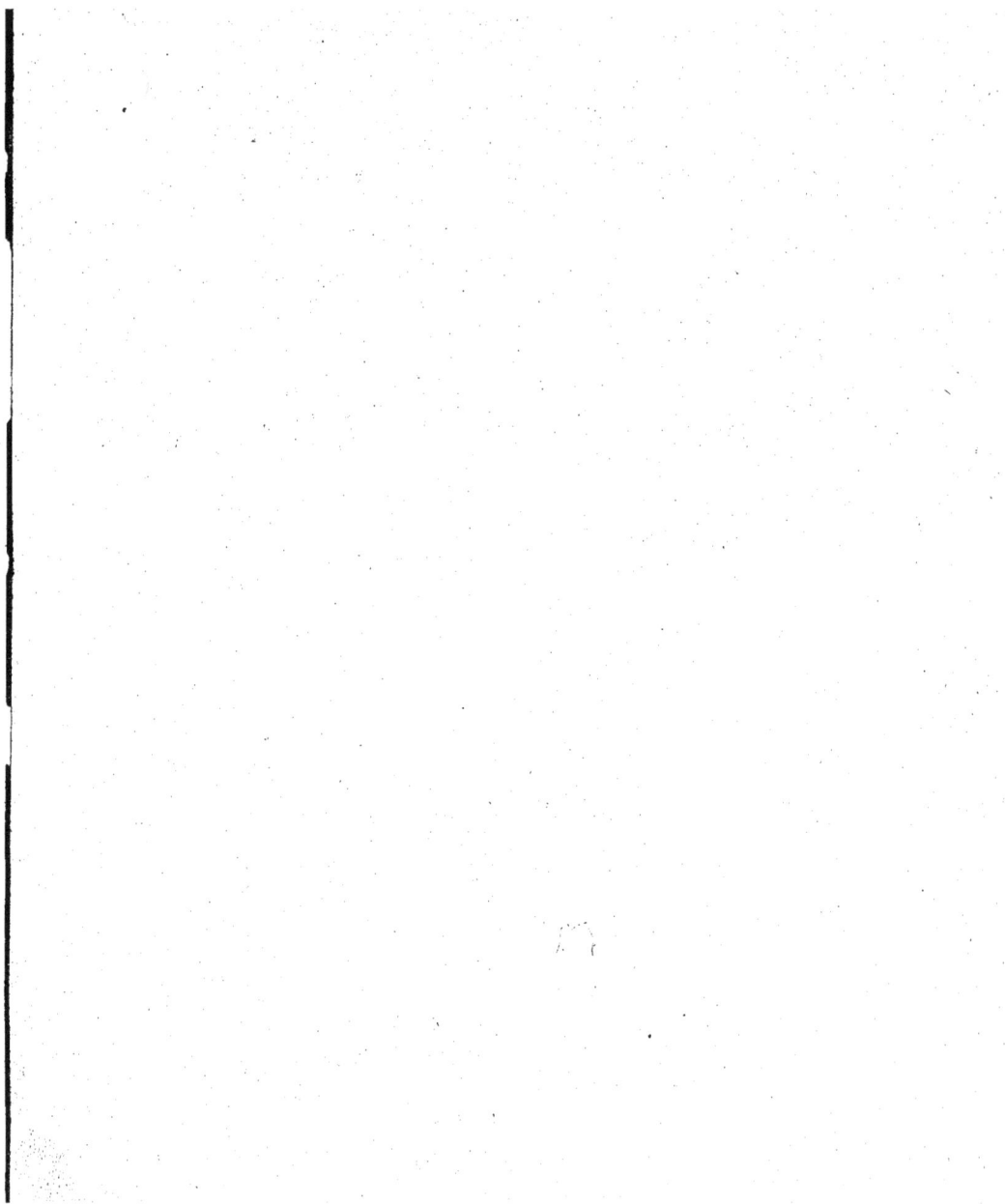

AVERTISSEMENT

Vers l'an 1877, de précieux encouragements à persévérer dans son esprit de recherches, ont été accordés, officiellement, par l'illustre Doyen de la Faculté, M. le Docteur Wurtz, lui-même, à l'auteur de la Réponse.

C'est pour cette raison que ce dernier a pris dès ce moment, jusqu'au 23 août 1897, le temps de la méditer bien des fois, avant d'oser en soumettre la première partie, de beaucoup la plus importante, au jugement de l'Académie des Sciences.

C'est ainsi qu'au 31 janvier 1898, la Commission nommée par la Haute Assemblée, après avoir été témoin des faits nouveaux longuement reproduits devant elle par leur auteur, a témoigné de leur exactitude dans les comptes-rendus du jour, en l'invitant à établir par de nouveaux faits, que la Phylloxanthine ne préexiste pas dans la plante, que sa formation est bien postérieure à celle des différents sels alcalins dont il la fait dériver.

La Commission lui a demandé, en outre, par l'organe de son Président, de compléter par de nouveaux faits, l'identification de son précipité vert avec le grain chlorophyllien.

Aujourd'hui, 1er septembre 1902, la solution de ces deux problèmes est achevée, elle paraît compléter heureusement la Réponse à la Question. Elle constitue, de toute évidence, la seconde partie d'une communication dont la longueur inusitée est telle, d'après les traditions de l'Académie, qu'elle lui enlève tout espoir d'être insérée dans le Recueil le plus précieux et le plus désirable.

Il ne lui reste plus qu'à se placer, depuis la première ligne jusqu'à la dernière, sous le fidèle et reconnaissant souvenir de l'illustre auteur du Dictionnaire, avec l'espoir que, sous la forme que voici, elle pourra parvenir à la connaissance de ses éminents collaborateurs dont elle sollicite l'approbation.

ACIDE CHLOROPHYLLIQUE

Sa grande profusion et son rôle dans la Création

La matière verte que les botanistes désignent sous le nom de grain chloro-phyllien et qui, vue à travers le limbe transparent de la feuille des végétaux est universellement appelée Chlorophylle, se comporte comme un acide par rapport à toutes les bases salifiables de la chimie minérale et de la chimie organique.

Cela veut dire que le grain chlorophyllien peut, si nous le voulons, former avec chacune des bases, oxydes ou alcaloïdes, que je viens d'indiquer et dont la liste est indéfinie, un nombre au moins égal de produits nouveaux appelés sels en chimie.

Logiquement, il devrait donc désormais être connu et désigné sous le nom plus précis d'acide chlorophyllique.

Déjà Messieurs les botanistes nous montrent, dans sa cellule, entouré de son protoplasma, le grain chlorophyllien comme un être vivant ; végétal qui respire et se multiplie avec une activité comparable sinon supérieure à celle des Protozoaires des époques antérieures.

Signaler et rapprocher des faits scientifiques de cette importance ne saurait être un fait indifférent puisqu'il nous révèle, dans un être aussi rudimentaire, un agent chimique dont la puissance, quoique dissimulée, n'est pas moins prodigieuse que son expansion et qu'il nous permet ainsi d'entrevoir, avec plus de confiance, le rôle prépondérant que nous soupçonnons appartenir au grain chlorophyllien dans la préparation des produits si variés que nous fournit le règne végétal.

Il importe donc de bien connaître la nature chimique du grain chloro-phyllien, ou acide chlorophyllique, et pour cela de l'étudier, à loisir, après l'avoir séparé, non-seulement de la feuille qui le contient, mais encore de son protoplasma.

Je vais en conséquence, sans craindre d'entrer dans des détails qui pourront paraître minutieux, mais que je crois nécessaires, indiquer de suite les opérations qui m'ont permis, en l'obtenant à la fois par mille grammes et plus, sans l'altérer, de répéter les expériences ci-dessus et toutes celles qui vont suivre.

Première opération : Dissolution des feuillages verts. Commençons par relater la dissolution des feuillages verts, à chaud, dans des lessives de soude caustique.

On trouve, chez les droguistes, des lessives de soude marquant 42° Beaumé qui conviennent très bien pour cet usage, à la condition d'en doubler le volume avec de l'eau, afin d'en diminuer une ardeur excessive et partant, dangereuse.

Convenons de prendre, pour point de départ, un litre et demi de soude commerciale marquant 42° B, auquel nous ajouterons de suite un égal volume d'eau, et servons-nous d'un bain-marie chauffé au gaz, pour porter dans le voisinage de 100° C la température de nos trois litres de liqueur alcaline. En maintenant constante cette température, nous pourrons, dans cette eau, dissoudre dix kilos de feuillages herbacés tels que des épinards si faciles à se procurer. L'on obtiendra alors douze litres environ d'une liqueur admirablement verte.

Elle marquera de 12 à 13° B et sera constituée par un chlorophyllate de soude (nous ne tarderons guère à le démontrer); de plus, il sera nécessairement impur, puisqu'il contiendra l'acide ulmique provenant de la destruction de la feuille, et du protoplasma par la soude caustique maintenue à la température de 100° C pendant une demi-heure au moins.

Il importe de ne cueillir les feuillages qu'au moment où l'on est prêt à les dissoudre ; on évitera ainsi qu'il se produise dans leur masse un commencement de fermentation nécessairement accompagnée d'une altération plus ou moins profonde de l'acide chlorophyllique lequel, au lieu de se combiner avec la soude pour former un sel, serait dans ce cas également converti par elle en acide ulmique. On en serait averti bien vite, car la liqueur au lieu d'être d'un très beau vert aurait pris une teinte brune qui indiquerait clairement que l'opération serait à recommencer. Supposons-la réussie et passons à la suivante qui est incontestablement plus délicate que la première.

Deuxième opération : Comment on précipite le Grain Chlorophyllien. On la réussira assez facilement cependant, si l'on veut bien tenir compte des précautions multipliées que je vais indiquer et qui, toutes, tendent vers ce but : *Pendant que l'on va précipiter, du Chlorophyllate impur de soude, l'acide Chlorophyllique, rendre impossible, en un point quelconque de la masse à traiter, toute élévation de température, si légère qu'elle soit, parce qu'elle altèrerait profondément, et à coup sûr, le grain chlorophyllien.*

Après cette observation rendue nécessaire par la facilité avec laquelle le grain chlorophyllien tend à se transformer de mille manières, je commence l'opération et je la précise.

Prenons, pour point de départ, un litre de la liqueur alcaline verte, marquant de 12° à 13° B. Elle contient encore, vraisemblablement, de la soude caustique, libre. Commençons par affaiblir cet excès d'alcali ; on y arrivera de deux façons : d'abord en saturant, autant que possible, la liqueur alcaline avec de l'acide carbonique (on pourra, pour plus de célérité, avoir recours à l'eau de Seltz du commerce), puis, en décuplant son volume avec de l'eau ordinaire.

Ce n'est pas tout, on abaissera sa température dans le voisinage de 10° C avec des morceaux de glace qu'on laissera flotter désormais à sa surface, afin que cette température demeure stationnaire jusqu'à la fin. La liqueur alcaline est prête, passons à la liqueur acide qui va nous servir à en précipiter le grain chlorophyllien.

Dans dix litres d'eau ordinaire, dont nous aurons également abaissé la température à 10° C, versons de l'acide chlorhydrique du commerce jusqu'à ce que cette eau, dans laquelle flotte un aréomètre de Beaumé, marque 7°. Elle sera très probablement suffisante pour précipiter tout l'acide chlorophyllique du chlorophyllate impur, il faudra avoir soin de l'y introduire lentement, sous un mince filet ; dernière précaution, pour plus de sûreté, l'eau alcaline devra être animée, pendant tout le temps, d'un mouvement circulaire énergique. On sera près de la fin de l'opération quand on verra le filet d'eau acidulée remplacé par un corps solide plus ou moins vert, mais qui disparaîtra aussitôt dans l'eau décolorée parce qu'elle est encore légèrement alcaline. L'addition de quelques centimètres cubes d'eau acidulée suffiront alors pour faire apparaître, dans toute la masse, un abondant précipité blanc-verdâtre qui, jeté sur un tamis recouvert d'un linge, puis lavé à grande eau et mis à égoutter prendra cette belle et franche couleur verte qui décèle son origine et mérite bien que nous portions sur lui toute notre attention.

Insoluble dans l'eau, ce précipité est soluble dans l'alcool et l'éther qu'il colore en vert, absolument de la même façon que le feraient les feuilles des plantes elles-mêmes. J'examine la liqueur au spectroscope et je vois apparaître d'une façon très nette, dans la partie rouge du spectre, les deux raies noires d'absorption qui caractérisent la Chlorophylle. Les mêmes raies apparaissent d'une façon identique si, à la liqueur alcoolique dans laquelle est dissous le précipité, je substitue la liqueur alcaline et sodique qui m'a servi à l'obtenir.

Il me semble, avant d'aller plus loin, que l'on peut tirer des faits que nous venons d'observer, une conséquence que j'estime très importante et que voici :

La Chlorophylle, au moment où elle a été dissoute à chaud dans la soude, n'a été ni altérée, ni même modifiée ; elle ne l'a pas été davantage au moment où elle a été précipitée par l'acide Chlorhydrique, puisqu'elle continue à nous donner au spectroscope les mêmes raies qui la caractérisent. Elle est simplement séparée de l'organe ligneux ou herbacé qui la recélait primitivement ; elle est enfin, sous une forme commode qui va nous permettre aisément de constater qu'elle peut à notre volonté se combiner avec toutes les bases salifiables que nous connaissons en chimie, jouer, par rapport à elles, le rôle d'un acide quelconque.

Le précipité se dissout à froid dans la Potasse, la Soude et l'Ammoniaque fortement diluée dans l'eau.

Dans ce but, commençons par prendre de cette Chlorophylle précipitée ainsi que nous l'avons vu, jetons-la dans de l'eau non chaude, prise simplement à la température ordinaire et rendue aussi légèrement alcaline que possible à l'aide de la Soude caustique, nous l'y voyons se dissoudre instantanément et la colorer magnifiquement en vert. Si la Chlorophylle s'est combinée à l'instant avec la Soude elle devra, à plus forte raison, se comporter de même avec la Potasse caustique. Opérons dans les mêmes conditions de température en substituant la Potasse à la Soude, la Chlorophylle s'y dissout avec non moins de rapidité ; elle se combine à froid également avec la Potasse. Cette manière d'agir n'est-elle pas celle d'un acide ? Une troisième expérience va achever sans doute de nous en convaincre. Remplaçons la Soude et la Potasse par l'Alcali, aux affinités incontestablement plus faibles, par l'Ammoniaque ; opérons toujours dans les mêmes conditions, la Chlorophylle précipitée s'y dissout encore sans la moindre hésitation, en la colorant magnifiquement en vert. N'est-il pas évident que la Chlorophylle a bien toutes les allures d'un acide par la façon dont elle se comporte à froid avec la Potasse, la Soude et l'Ammoniaque diluées dans une grande quantité d'eau. Tout ce qui va suivre ne fera que confirmer ce que semblent indiquer ces premières constatations.

Les trois liqueurs alcalines sont bien des Chlorophyllates.

Si, en effet, les trois liqueurs alcalines que nous venons d'obtenir ne sont autre chose que des dissolutions de Chlorophyllates de Potasse, de Soude et d'Ammoniaque, elles devront, dans toutes les circonstances où il nous plaira de les placer, se comporter ainsi que les lois de Berthollet le font prévoir ; c'est bien ce qui a lieu, ainsi que l'on peut s'en convaincre. En commençant par les acides minéraux, l'on voit que tous, s'ils sont assez dilués, déplacent l'acide Chlorophyllique sans l'altérer. La même chose a lieu pour les acides Oxalique, Citrique, Tartrique, etc., empruntés à la Chimie organique ; à chaque fois l'on peut, en dissolvant dans l'alcool l'acide précipité, contrôler son identité à l'aide du spectroscope ; à chaque fois l'on peut, si on le préfère, se servir de ce précipité pour reconstituer, à volonté, l'une des trois liqueurs alcalines. D'après cela, n'est-il pas évident que ces trois liqueurs ont toutes les allures de trois sels alcalins ayant pour acide commun la Chlorophylle, ou mieux l'acide Chlorophyllique?

Poursuivons; si nous avons bien affaire à trois Chlorophyllates alcalins, ils devront, d'après les lois de Berthollet complétées par M. Malagutti, nous donner, si nous les mettons en contact avec des dissolutions salines, autant de sels nouveaux qu'il existe de bases salifiables en Chimie minérale et en Chimie organique. Il est d'ailleurs aisé de prévoir qu'en procédant de cette manière, l'insolubilité de l'acide Chlorophyllique va devenir pour nous un puissant auxiliaire; mais il faut nous attendre, en opérant de cette façon, à n'obtenir que des sels insolubles ou très peu solubles, et partant, très difficilement cristallisables.

C'est bien en effet ce qui a lieu, mais j'ajoute que pour les obtenir je crois bien avoir épuisé la liste des oxydes et alcaloïdes salifiables, c'est-à-dire que j'ai eu l'occasion souvent répétée de les observer et de reconnaître que leur insolubilité est générale, mais non pas *absolue*. Ils peuvent d'ailleurs être obtenus avec tout le degré de pureté désirable (1). Voilà qui rend bien secondaire, en ce qui les concerne, la question de cristallisation.

On peut donc les obtenir à l'état de pureté et par suite analysables par les procédés ordinaires. Cela ne veut pas dire que tous les Chlorophyllates aient été obtenus par nous à l'état de pureté, et encore moins cela ne veut pas dire que l'analyse de chacun d'eux ait été faite avec tout le soin désirable, que nous puissions enfin, dès à présent, pour contribuer à écrire l'histoire de la Chlorophylle, vous apporter sur chacun d'eux de bien précieux résultats.

L'on conçoit, sans qu'il soit utile d'insister, que si la préparation à l'état de pureté de tous les Chlorophyllates possibles est déjà une opération de longue haleine, l'analyse quantitative et la détermination de la formule définitive de tous ces composés, y compris l'acide Chlorophyllique que je place en première ligne, ne peuvent guère se concevoir que comme une œuvre collective qui ne peut être menée à bonne fin qu'avec la coopération et surtout le contrôle vingt fois répété des chimistes que cette question pourra intéresser. Tout ce qu'il est permis de dire dès à présent, c'est que parmi les Chlorophyllates déjà nombreux qui ont été préparés à l'état de pureté, ceux ayant pour base les oxydes de Fer,

(1) La chose est facile à concevoir puisque, avec l'habitude que donne le traitement des matières organiques et d'après ce que nous avons vu plus haut, il est relativement facile, en partant du Chlorophyllate impur de Soude, de précipiter l'acide Chlorophyllique, le redissoudre pour le reprécipiter de nouveau, cela autant de fois qu'il sera nécessaire, et, finalement, obtenir un Chlorophyllate alcalin chimiquement pur, je veux dire entièrement débarrassé des matières extractives contenues dans les feuillages employés.

Magnésium, Argent, Cadmium, Strontium, Zinc et Barium ont été analysés et pour chacun d'eux le résultat de l'analyse, en nous démontrant que ce sont là des composés bien définis, achève de nous convaincre, ce que semblent établir tant de présomptions accumulées, que la Chlorophylle joue bien le rôle d'un acide par rapport aux bases salifiables.

Mais ces Chlorophyllates sont-ils bien stables et par suite utilisables? Oui, ils sont stables et peuvent être utilisés s'il s'agit des Chlorophyllates terreux et alcalino-terreux dont la stabilité est indéfinie quand ils sont, circonstance facile à réaliser, simplement soustraits à l'influence de l'un des trois agents de destruction : l'eau, l'air et la lumière, qui ne les décomposent qu'en agissant sur eux *simultanément*.

J'en ai là quelques-uns dans des tubes à essai, ils sont préparés depuis huit et dix ans et cependant ils ne paraissent pas avoir subi la plus légère altération. Exemple autrement convaincant : il y a cinquante ans que MM. Hartmann et Cordillat, de Mulhouse, M. Gunion, de Lyon, sont parvenus, chacun de leur côté, à teindre la laine, la soie et même le coton en vert, au moyen de la Chlorophylle solubilisée dans la Soude ; avant de les plonger dans cette préparation ils les avaient imprégnés fortement d'une dissolution d'alun. N'est-il pas évident que déjà, sans y penser, ils ont mis à profit la grande stabilité du Chlorophyllate d'Alumine, puisque la belle couleur de ces tissus n'a pas été altérée depuis. On peut s'en convaincre en jetant un coup d'œil sur les échantillons préparés par ces messieurs, que contiennent les différentes éditions de la *Chimie Industrielle* de M. Girardin, et cependant la sixième et dernière édition de ce bel ouvrage remonte à 1880 !

Egalement depuis cinquante ans, MM. les fabricants de conserves alimentaires utilisent, sans peut-être y avoir pensé, la stabilité du Chlorophyllate de cuivre que voici isolé et qui se produit vraisemblablement d'après tout ce qui précède pendant l'opération du blanchissage.

Dans le premier cas le Chlorophyllate d'alumine n'est pas en présence de l'eau, et dans le second le Chlorophyllate de cuivre n'a pas à subir l'action de l'air ; voilà qui suffit à assurer leur conservation.

Je pourrais, ici, multiplier les exemples et faire voir, en outre, que les Chlorophyllates de fer, de strontiane, de quinine, autant pour leur acide que leur base, sont tout indiqués en médecine.

Je ne saurais en dire autant des Chlorophyllates alcalins dont la couleur par réflexion, avec le temps, passe spontanément du vert foncé au rouge brun, puisque ce changement de coloration superficiel me semble bien indiquer qu'un nouveau groupement moléculaire s'est produit dans leur masse.

J'ai obtenu, à volonté, un phénomène de dicroïsme, analogue au précédent, mais en faisant intervenir, ainsi qu'il suit, l'un quelconque des Alcools de la série $C^{2n} H^{2n+2} O^2$.

Prenons deux flacons bouchés à l'émeri, de même capacité, portant les étiquettes n° 1, n° 2.

Remplissons-les, l'un et l'autre, à moitié, avec la même liqueur alcaline, très verte, marquant de 12 à 13° B, préparée de la veille; fermez le flacon marqué n° 1, parce qu'il devra simplement nous servir de témoin. Versons dans le flacon n° 2 un décilitre environ d'alcool $C^4 H^6 O^2$ à 90° environ. Et voilà que nous sommes instantanément témoins du phénomène de *dicroïsme* dont j'ai parlé. Le liquide contenu dans le flacon n° 2 est devenu rouge pourpre par réflexion. La première fois que ce phénomène s'est présenté à ma vue, j'ai eu la pensée de faire ce que je vous engage à reproduire, achever de remplir les deux flacons avec l'un quelconque des carbures d'hydrogène appartenant à la série $C^{2n} H^{2n+2}$ trouvés dans le Kérosène par MM. Pelouze et Cahours; bien m'en a pris, puisque vous voyez que le pétrole du flacon n° 2 s'est subitement coloré en jaune d'or, tandis que celui du flacon n° 1 n'a pas changé.

L'aspect de ce magnifique colorant m'a de suite fait songer à la Phylloxanthine, découverte par M. Frémy, en 1877; et puisqu'il nous a fait connaître, en même temps, qu'elle est soluble dans l'alcool et l'éther, brassons le pétrole doré avec de l'alcool, vous voyez qu'une partie de la Phylloxanthine est passée dans l'alcool, je l'en précipite avec de l'eau pure puisque c'est là une matière résinoïde, nous a-t-il également fait savoir, et je la redissous dans l'éther. Si ces transformations, dont je viens de vous rendre témoins, ne suffisent pas pour justifier de son identité, interrogez la liqueur jaune avec le spectroscope, elle vous montrera, dans le spectre du gaz d'éclairage, les deux bandes d'absorption, bandes noires de la Phylloxanthine. Elles recouvrent, l'une, la plus grande partie du rouge, l'autre, en totalité, le violet et l'indigo, et ne laisse subsister qu'un liseré bleu vif. Nous avons donc dédoublé le produit du flacon n° 2, nous avons donc dans le liquide qui surnage, la Phylloxanthine de M. Frémy; mais alors, la liqueur qui est au-dessous du Pétrole doit être du Phyllocyanate de Potasse, découvert et signalé en même temps par ce même savant, elle devrait être d'une belle teinte bleue; et il n'en est pas ainsi; rassurons-nous bien vite, le liquide prendrait une belle teinte bleu indigo, si, prolongeant l'opération tout le temps nécessaire, ainsi que je l'ai fait, j'épuisais toute la Phylloxanthine qu'il contient encore en trop grande quantité.

Comment on peut obtenir simplement et cependant en aussi grande quantité que l'on voudra la Phylloxanthine et le Phyllocyanate de Soude bleu indigo.

En janvier 1896, profitant de la gracieuse autorisation que M. le Directeur des Raffineries de pétrole a bien voulu m'accorder, j'ai pu disposer du matériel de l'usine de Colombes, près de Paris. J'en ai profité pour opérer, le 11, sur 200 litres environ de Chlorophyllate de Potasse et de Soude, que j'avais préparés la veille et les jours précédents. Le liquide alcalin et d'un beau vert a été introduit dans une grande cuve, mais j'ai eu soin en ce moment, comme dans l'exemple du flacon n° 2, de lui ajouter un litre et demi d'alcool à 90°, puis je l'ai brassé violemment avec un grand excès de pétrole impur, avec 4,000 litres de pétrole de 1er et 2me jets, et cela au moyen d'un énergique courant d'air, lancé pendant deux heures par une machine à compression ; l'opération a été suspendue pour donner aux deux liquides le temps de se séparer.

Le lendemain 12 janvier 1896, le liquide qui se trouvait au-dessous du pétrole brut a été recueilli à l'aide d'un robinet situé à la partie inférieure de la cuve.

M. le chimiste de l'établissement a pu admirer avec moi sa couleur indigo d'une vivacité et d'une pureté incomparables ; c'était bien du Phyllocyanate de soude, dont j'ai rempli toute une barrique mise à part. Revenu quelques jours après à l'usine de Colombes, je trouvai au-dessus de mon Phyllocyanate bleu indigo, une légère couche de pétrole qui s'en était séparé lentement et avait eu tout le temps de se saturer de Phylloxanthine qui s'y trouvait encore mêlée, car il avait pris, tout comme le ferait du pétrole commercial, une admirable couleur jaune-orange.

J'ai eu enfin l'occasion de constater que le Phyllocyanate de soude, sous forme d'une veine liquide quittant la lumière diffuse pour pénétrer dans un milieu plus sombre, passe brusquement du bleu au rouge le plus intense que l'on puisse imaginer.

Je fais des vœux pour que ces dernières et si remarquables expériences soient, dans l'intérêt de la Science, reprises par les chimistes qui dirigent les laboratoires outillés de façon à pouvoir projeter pendant quelques heures, un fort courant d'air dans une masse formée de deux liquides différents, non miscibles, qu'il faut cependant maintenir en contact intime, quelque temps.

Préparation dans le laboratoire des Phyllocyanates alcalins bleu indigo.

Pour simplifier l'opération, dans un laboratoire il suffirait, à un litre de Chlorophyllate pur, cette fois, s'il marque de 12 à 13° B, de lui ajouter un décilitre d'alcool à 90°, puis cinq litres de pétrole pur, c'est-à-dire commercial ; ils suffiraient vraisemblablement. Le reste s'achèverait ainsi que nous l'avons dit, et l'on obtiendrait, outre la Phylloxanthine que peut détruire le pétrole impur de 1er et 2me jets, du Phyllocyanate de soude pur, d'un bleu indigo fort remarquable. On en obtiendrait, par cette opération si simple, si facile à réaliser, un litre, quantité suffisante pour pouvoir l'étudier à son tour.

Ai-je besoin d'ajouter qu'en reprenant la Phylloxanthine par l'Ether, en évaporant ce dernier dans le vide et à très basse température, on pourrait se convaincre que la Phylloxanthine peut prendre une forme cristalline, c'est bien là, du moins, ce que j'ai cru obtenir.

Nous avons pu voir que le pétrole commercial est un excellent dissolvant de la Phylloxanthine, qui ne l'altère jamais; l'enlève aux sels chlorophylliens sans dissoudre ces derniers. Il va nous permettre de reproduire des expériences qui vont démontrer clairement que la Philloxanthine ne préexiste pas, ainsi qu'on pouvait le croire tout d'abord, dans la matière verte des feuilles.

En effet, commençons par remplir à moitié, avec du Chlorophyllate impur de soude, un tube à essai ; ajoutons-lui quelques centimètres cubes de pétrole ; brassons-les; le pétrole, qui surnagera bientôt, restera incolore. Donc il n'y a pas de Phylloxanthine dans un Chlorophyllate impur ; il en sera de même avec l'un quelconque des trois Chlorophyllates alcalins obtenus à l'état de pureté.

Si au contraire, avant de procéder au brassage avec le pétrole, nous ajoutons dans le tube à essai, aux Chlorophyllates alcalins, qu'ils soient purs ou impurs, séparés ou mélangés ensemble (il n'importe), quelques centimètres cubes d'un alcool de la série $C^{2n} H^{2n+2} O^2$, de l'alcool de vin par exemple $C^4 H^6 O^2$, on constatera que le pétrole est fortement coloré en jaune par la Phylloxanthine.

N'est-il pas clair que l'on peut conclure de cette suite d'expériences ce qui suit :

La Phylloxanthine est le produit de la réaction de l'alcool sur les Chlorophyllates alcalins.

L'expérience démontre bien qu'elle dérive de ces trois sels alcalins.

Il me reste, pour donner satisfaction à la Commission nommée par l'Académie, de démontrer qu'elle ne préexiste pas dans les plantes; poursuivons en conséquence.

Ne résulte-t-il pas de ce qui précède que le chimiste, avant de traiter par l'alcool le feuillage d'une plante pour en extraire le grain chlorophyllien, fera sagement de rechercher si la plante sur laquelle il opère ne contient ni potasse, ni soude, ni ammoniaque.

La chose n'est pas impossible, car ces trois alcalis peuvent se trouver simultanément ou isolément dans le sol où plongent les racines; ils peuvent donc y être puisés par ces dernières. Les alcalis entraînés par la sève ascendante pourront bien arriver ainsi dans les feuilles ou fruits verts, ils y rencontreront le grain ou acide chlorophyllique, avec lequel ils se combineront de suite, nous n'en pouvons douter.

Conséquences qui
découlent du fait ci-
dessus indiqué.

Or, faire macérer dans de l'alcool de pareils feuillages, n'est-ce pas fournir ce même liquide aux Chlorophyllates alcalins qu'ils contiennent naturellement, n'est-ce pas fabriquer du même coup de la Phylloxanthine et des Phyllocyanates alcalins?

S'il restait, à cet égard, le moindre doute dans notre esprit, il suffirait pour le dissiper d'expérimenter sur des sujets bien connus pour contenir de la potasse, sur l'oseille par exemple et sans insister davantage; ou bien encore sur des petits pois verts et frais, voir même simplement sur leurs gousses; des haricots verts et frais, et puisque depuis cinquante ans et plus, M. Boussingault, après les avoir incinérés, nous a fait connaître très exactement le poids d'alcali que contiennent ces derniers produits. Aussi, le pétrole brassé dans un tube à essai, avec les macérations alcooliques des différents organes verts que je viens de rappeler, se colore-t-il infailliblement en jaune par la Phylloxanthine. Cette expérience si simple, qui permettrait, tant elle est précise, de reconnaître la présence de la potasse dans la simple pellicule de quelques petits pois verts nous permet d'énoncer et de généraliser le principe ainsi qu'il suit :

La Phylloxanthine est le produit de la réaction de l'alcool sur les Chlorophyllates alcalins purs ou impurs, formés soit naturellement dans les végétaux, soit artificiellement dans les laboratoires.

Cet énoncé exprime un fait indiscutable, mais il ne démontre peut-être pas d'une manière absolue si de la Phylloxanthine préexiste ou ne préexiste pas dans la matière verte. Je dois, par déférence pour la Commission de l'Académie, essayer de résoudre directement la question.

Dans ce but ayons recours, cette fois, à une plante qui, pour croître et se développer, n'exige pas de potasse ou autre alcali; pour plus de sûreté, recueillons-la dans un terrain artificiel, composé exclusivement de silice et de calcaire bien lavés; l'ortie peut très bien satisfaire à ces conditions-là. Laissons macérer son feuillage dans de l'alcool pur, nous obtenons une liqueur d'un très beau vert, coloré uniquement cette fois par de l'acide Chlorophyllique.

Brassons-la, dans un tube à essai, avec du pétrole commercial, cette fois notre réactif, après repos, est magnifiquement coloré en vert, et nullement en jaune. Faisons varier l'expérience : supprimons l'alcoolat, contentons-nous de laver, pendant quelques minutes, le limbe de la feuille dans de l'alcool (nous verrons plus loin pourquoi cette précaution), épongeons la feuille entre un double de papier buvard, puis laissons-la séjourner dans du pétrole.

Pour faire cette expérience, je me suis servi d'une belle feuille d'épinards, entière et très fraiche ; dès le premier jour le pétrole avait pu atteindre le grain chlorophyllien, le dissoudre en partie, car il était nettement teinté en vert et non en jaune ; au bout de huit jours il était devenu très vert ; il avait dissous la totalité de l'acide chlorophyllique, la feuille s'était entièrement décolorée, elle avait perdu sa transparence et le pétrole avait pris une teinte verte magnifique, d'une extrême pureté.

Cette fois nous avions établi un contact direct entre la matière verte de la plante d'une part, et le dissolvant par excellence de la Phylloxanthine, le pétrole, de l'autre, et l'expérience semble bien démontrer que cette dernière ne préexistait pas dans la plante, autrement elle n'eût pas manqué de se mêler à l'acide chlorophyllique et d'en altérer la pureté.

Si la Phylloxanthine préexistait dans la feuille, le pétrole, son dissolvant, la contiendrait concurremment avec le grain chlorophyllien ; il n'y a là aucune incompatibilité, la preuve c'est que si à notre belle liqueur verte que nous venons d'obtenir nous ajoutons de la Phylloxanthine dissoute dans du pétrole, aucun trouble n'apparaît, la vivacité de la teinte verte est seulement affaiblie.

Si nous traitons par le pétrole l'alcoolat d'une plante ne contenant pas d'alcali, mais toute sa matière verte, nous voyons le pétrole brassé avec cet alcoolat s'en séparer par le repos ; il surnage à l'alcool et il est encore et comme dans l'expérience précédente, admirablement vert, sans aucune atténuation de la teinte, tandis qu'il devrait être coloré en jaune par la Phylloxanthine si elle y était.

Comment, après ces expériences, pourrait-on admettre la préexistence de la Phylloxanthine, surtout après avoir obtenu ce beau principe colorant de tant de manières différentes, mais toujours postérieurement à la formation de sels chlorophylliens et avec l'emploi des alcools $C^{2n} H^{2n+2} O^2$.

La Phylloxanthine n'existait pas, dans le grain chlorophyllien, entièrement séparé de la feuille soit par l'alcool soit par le pétrole. Je l'ai cherchée vainement dans la feuille entièrement décolorée par l'alcool ou le pétrole, une fois desséchée, elle avait repris à chaque fois sa transparence ; elle n'était nullement altérée d'ailleurs, car à l'aide du microscope j'ai pu contempler avec admiration dans leurs plus fins détails les ramifications ultimes des nervures et les mille stomates de son limbe.

Donc, tout s'accorde ici pour repousser l'hypothèse de la préexistence de la Phylloxanthine dans la matière verte des feuilles.

La Phylloxanthine
e préexiste pas
ans les feuillages
erts.

Identification du Précipité et du Grain Chlorophyllien

Je vais actuellement compléter l'identification de mon précipité vert chlorophyllien avec le grain chlorophyllien, en répondant aux deux objections que l'on a bien voulu me faire l'honneur de m'adresser.

Ire OBJECTION

En employant, pour isoler le grain chlorophyllien, un agent aussi énergique que la soude caustique marquant 10° B et portée en outre à la température de 100° environ, j'ai pu altérer le grain chlorophyllien de deux manières, soit en lui enlevant quelque chose, soit au contraire en lui ajoutant une partie quelconque de la feuille elle-même.

Pour répondre à cette première objection, je vais essayer d'arriver au Chlorophyllate alcalin et par conséquent à la Phylloxanthine en partant d'un alcoolat de feuillages dépourvu d'alcali. Je remplacerai donc les lessives de soude chaude par de l'alcool à 90°.

Mais alors surgit cette seconde objection.

2me OBJECTION

Quand on observe, au spectroscope, les macérations de feuillages verts dans l'alcool, on obtient, suivant l'état de concentration des dites liqueurs, des spectres qui diffèrent entre eux, mais ne ressemblent jamais à celui que je dis être caractéristique de la Chlorophylle, celui que l'on obtient avec les trois chlorophyllates alcalins, le spectre aux deux bandes noires dans la partie rouge, couvrant, l'une les 20e et 21e degrés, l'autre, les 26e et 27e, le micromètre étant réglé de telle sorte que la raie D de la soude coïncide avec la 40e division. D'après cette anomalie, me dit-on, il est à craindre que les macérations ne contiennent qu'un grain qu'elles ont modifié.

Réponse à cette objection. L'anomalie que l'on me signale existe bien, mais pourquoi supposer l'alcool capable de faire subir directement au grain chlorophyllien dans son feuillage une altération modifiant le spectre, alors que ce même alcool, après avoir dissous mon précipité vert, ne l'a nullement modifié, puisque son spectre est identique à celui des trois chlorophyllates alcalins chimiquement purs ou non, séparés ou mélangés.

Rien ne me prouve, d'ailleurs, que dans les feuillages des plantes, à côté du grain chlorophyllien, principe immédiat vert et acide, il n'existe pas un deuxième principe immédiat, vert également, mais d'une nature chimique tout autre.

Hypothèse fort aisemblable et qui ra bientôt justifiée r les faits.

S'il existe ce deuxième principe, il a bien pu, dans mon procédé, disparaître, être transformé en alcide ulmique par la soude ; il peut bien n'avoir pas été détruit par l'alcool ; il peut bien y être encore à l'état de dissolution, et alors, le spectre paradoxal que l'on m'oppose n'est peut-être que la résultante du spectre caractéristique du grain chlorophyllien superposé au spectre inconnu d'un corps inconnu lui-même, mais dissous dans l'alcool.

Mon hypothèse n'a rien d'invraisemblable ; nous avons vu plus haut que le pétrole se colore magnifiquement en vert, si on le brasse avec les macérations vertes et alcooliques ; nous avons vu que l'on arrive au même résultat si l'on fait macérer dans le pétrole des feuilles quelconques, à la condition expresse de les avoir, au préalable, lavées pendant quelques minutes dans l'acool. Sans cette précaution, en effet, laissez séjourner indéfiniment la feuille dans le pétrole, il ne se colorera jamais en vert. Pourquoi ce fait ?

Que conclure de cette expérience, si ce n'est que, entre la feuille et le pétrole, plus rigoureusement encore, entre le grain chlorophyllien de la feuille et le pétrole, il y a un obstacle infranchissable qui les sépare et s'oppose à leur contact immédiat.

Recherche de l'ob-acle signalé.

Cet obstacle, quel est-il ? Ce n'est pas le vernis que nous observons sur la face supérieure, puisque la face inférieure en est dépourvue ; ce n'est pas le limbe qui constitue l'obstacle, car une fois tout le grain chlorophyllien enlevé par le pétrole, le limbe débarrassé de ce dernier a repris sa transparence, on peut l'étudier à la loupe et en admirer les plus fins détails, il n'a donc pas été altéré.

L'obstacle doit re dans la disso-ition alcoolique erte.

C'est donc dans l'alcool où a séjourné quelques instants la feuille avant d'être plongée dans le pétrole, c'est là, et non ailleurs, que je dois rechercher l'obstacle que la feuille opposait au pétrole ; il doit donc y être dissous.

Conséquence qui s'impose : Cet obstacle inconnu est insoluble dans l'eau et dans le pétrole, mais il est soluble dans l'alcool. C'est probablement à sa présence dans l'alcool qu'il faut attribuer le spectre que j'ai qualifié de paradoxal, que donne tout alcoolat de grain chlorophyllien.

Essayons de l'isoler, en partant d'un alcoolat de feuillages ne contenant ni potasse, ni soude, ni ammoniaque, par conséquent ni chlorophyllates, ni phylloxantine, ni phyllocyanates alcalins qui en dérivent, un alcoolat aussi peu compliqué que possible, contenant à coup sûr l'obstacle et le principe immédiat acide, le grain chlorophyllien.

Je décuple, avec de l'eau distillée, le volume de l'alcoolat sans parvenir à précipiter la matière verte qui le colore. J'essaie alors de supprimer, sans altérer cette dernière, l'alcool qui la dissout encore quoique additionné d'eau, mais en usant de précaution pour ne pas altérer la matière verte, dont je connais, pour l'avoir souvent observée, l'extrême instabilité. J'introduis mon eau décuplée dans une cornue en verre, sur un bain-marie dont j'élève la température juste assez pour provoquer une distillation de l'alcool aussi lente que possible.

Précipité nouveau obtenu par évaporation lente de l'alcool.

Je ne cesse d'avoir les yeux fixés sur le contenu de ma cornue ; au bout de huit heures au moins je reconnais que mon liquide se trouble légèrement, je suppose que ce trouble peut bien être produit à la fois par l'obstacle cherché et par l'acide chlorophyllique ; je ne m'inquiète guère de la présence de ce dernier, je suis certain de pouvoir m'en débarrasser avec une dissolution alcaline.

Je laisse donc refroidir le tout, et le lendemain matin je le jette sur un filtre. Je constate que la matière arrêtée par le filtre est d'un très joli vert tirant sur le bleu ; elle est très peu abondante ; ce qui me frappe, c'est qu'elle est répartie inégalement sur les différents points du filtre, à toutes les hauteurs, ce qui semble bien indiquer que sa densité ne doit guère différer de celle de l'eau qui la contenait.

A la couleur et à la disposition près, son aspect est celui que présente une carte du ciel, c'est un semis de petites étoiles vertes que j'ai sous les yeux.

Recherche de la nature du précipité ci-dessus.

Je m'empresse de faire passer sur le filtre tout d'abord de l'eau distillée, pour le laver, puis une dissolution aqueuse de potasse caustique marquant 10° B ; cette dissolution sort du filtre parfaitement incolore, le précipité n'est en aucune façon modifié. J'en conclus forcément que :

Mon nouveau précipité n'est certainement pas soluble dans les alcalis.

Voyant cela, je découpe dans le filtre un morceau recouvert en partie par le précipité étoilé, je le lave dans de l'eau distillée, avec soin, puis je le plonge dans de l'eau nettement acidulée avec de l'acide sulfurique ; je l'y laisse séjourner pendant vingt-quatre heures, et *il n'est pas altéré par l'acide sulfurique.*

Sa nature.

Il faut bien en conclure que mon précipité étoilé *est un principe immédiat neutre*, puisque ni la potasse, ni l'acide sulfurique ne peuvent le dissoudre.

C'est lui sans doute qui empêche les lessives faibles et froides de soude de parvenir jusqu'au grain chlorophyllien et de le dissoudre quand je plonge les feuilles entières dans les dites liqueurs alcalines.

Mais alors ce précipité est très vraisemblablement l'obstacle qui empêche le pétrole de pénétrer dans la feuille jusqu'au grain chlorophyllien, pour le dissoudre et se colorer en vert, si j'y plonge la feuille telle que je la cueille, sans la laver, au préalable, dans l'alcool pour le faire disparaître.

C'est bien cela, car un second morceau de papier appartenant au filtre est mis également à séjourner dans du pétrole, je l'y laisse indéfiniment et il reste intact ; *le pétrole ne dissout pas le précipité.*

Remarquons que ce nouveau principe immédiat *neutre* est incomparablement moins abondant que le grain chlorophyllien, principe immédiat *acide,* qu'il est disséminé sur tout mon filtre, deux circonstances qui ne permettent pas de le recueillir aussi facilement que le grain chlorophyllien avec lequel il ne peut être confondu désormais cependant.

Sans cette rareté relative et cette dissémination je le réunirais pour le faire dissoudre de nouveau dans l'alcool, et, en mêlant cet alcoolat avec celui que j'obtiens en faisant dissoudre mon précipité vert, je reconstituerais sans doute le spectre paradoxal, j'aurais une nouvelle preuve d'identification de ce dernier; je ne la regrette pas, parce que la certitude de l'existence de ce principe immédiat neutre me fournit le moyen d'obtenir d'une façon autrement rapide, et non moins, sinon plus, décisive, cette identification.

Partons en effet de cette idée acquise : ce deuxième principe existe et il est neutre, c'est-à-dire insoluble, en particulier dans la potasse.

Seconde et ins-active expérience. Dans un flacon en verre bouché à l'émeri, introduisons deux décilitres de la liqueur d'orties dans l'alcool à 90°, cette liqueur qui nous a servi à le découvrir, liqueur qui le contient, nous en sommes sûrs, mais nous ne sommes pas moins certains qu'elle contient en outre l'acide chlorophyllique et probablement le protoplasma, que l'alcool n'a vraisemblablement pas pu détruire.

Laissons tomber dans cet alcoolat un décigramme de potasse caustique, solide, fractionnée en cinq ou six morceaux, puis refermons le flacon. Mettons-le en observation dans un endroit où nous pourrons l'observer aisément, sans le déranger de place, et voici ce que nous constaterons et ce que l'on pouvait prévoir, en partie du moins.

La potasse se dissout, mais lentement, dans cet alcoolat. Au bout de huit jours environ les cinq ou six morceaux de potasse ont disparu : dès les premiers jours, on a pu constater qu'ils étaient entourés d'une auréole formée par un dépôt transparent d'un aspect gélatineux, dépôt qui a fini par recouvrir une grande partie du fond de mon flacon ; il était alors parsemé d'un dépôt vert rappelant bien le principe immédiat neutre, il était peu abondant et, comme lui, insoluble dans le pétrole; il l'était également dans les alcalis, puisque c'est la potasse qui, en se dissolvant dans l'alcool, l'avait forcé à se précipiter.

Mais là ne s'était pas bornée l'action de la potasse dissoute dans l'alcool, elle s'était combinée avec l'acide chlorophyllique, elle avait donné lieu à la formation d'un chlorophyllate alcalin, tout comme le fait mon précipité vert, car, à son tour, l'alcool en présence de ce chlorophyllate alcalin avait, comme dans toutes les expériences accumulées précédemment, avait, dis-je, produit de la Phylloxanthine et un Phyllocyanate correspondant, à base de potasse. On n'en saurait douter, car la liqueur verte qui surmonte le précipité qui est adhérent au fond du flacon le démontre ainsi qu'il suit.

Démonstration définitive de l'identité du précipité vert avec le grain chlorophyllien dissous par l'alcool.

J'en introduis quelques centimètres cubes dans un tube à essai; je le brasse avec du pétrole et ce dernier se colore fortement en jaune, et non plus en vert comme auparavant; c'est donc la Phylloxanthine cette fois, et non le grain chlorophyllien, qui le colore. Donc ce dernier s'est comporté, après avoir été séparé de la feuille par l'alcool, tout comme le précipité vert. En effet, pour arriver à la Phylloxanthine, en partant du grain, on l'a dissout dans l'alcool, puis on lui a, dans cette dernière expérience, ajouté de la potasse caustique à froid. Pour obtenir de la Phylloxanthine en partant de mon précipité vert, nous l'avons dissout à froid dans la potasse, puis nous lui avons ajouté de l'alcool; nous n'avons fait qu'intervertir l'emploi des deux agents chimiques; donc les deux points de départ, grain et précipité vert, sont, en chimie, deux produits identiques.

Il y a plus, si le doute pouvait subsister après cela, on peut, comme pour le grain chlorophyllien, commencer par dissoudre mon précipité vert dans l'alcool puis y ajouter de la potasse caustique à froid; on arrivera ainsi à la Phylloxanthine que le pétrole mettra encore en évidence.

Cette fois l'identification est si complète qu'il me paraît impossible d'y ajouter quoi que ce soit.

J'ai signalé dans ma dernière expérience la formation d'un dépôt transparent, d'aspect gélatineux, autour de chacun des petits morceaux de potasse se dissolvant lentement dans l'alcoolat des feuilles ne contenant pas de potasse; depuis, en répétant l'expérience, mais en augmentant le poids de la potasse caustique employée, j'ai vu se déposer sur les parois verticales du flacon une multitude de petis bâtonnets isolés les uns des autres, ayant tous la transparence du premier dépôt; ces petits bâtonnets ont une telle flexibilité que si l'on dérange le flacon, même très légèrement, ils se replient sur eux-mêmes, ce qui rend leur observation plus difficile.

Les dépôts gélatineux et les bâtonnets observés ici, séparés de l'alcoolat, paraissent bien être du protoplasma précipité en prenant un aspect cristallin.

Les dépôts gélatineux et les bâtonnets de même aspect, font songer au protoplasma qui a bien pu se dissoudre dans l'alcool à 90° en même temps que le grain chlorophyllien; ils m'ont paru devoir être plus utilement observés par MM. les botanistes que par un chimiste. Je me borne donc à les mentionner ici, pour ne pas détourner mon attention du but que je me suis proposé d'atteindre, chercher une réponse à la question largement indiquée au début de cette note (1).

Aussi bien, le moment paraît arrivé de résumer aussi brièvement que possible les faits chimiques nouveaux qui y sont relatés avec des détails qui sont suffisants, je l'espère, pour que l'on puisse les reproduire et les contrôler sans difficulté.

Un résumé de cette nature semble bien pouvoir être considéré comme une réponse rationnelle, précise et cependant complète, à la question dont il s'agit, puisque des faits observés il se dégage nettement ceci :

Résumé pouvant servir de Réponse à Question.

La matière verte des feuilles paraît bien être uniquement constituée par deux principes immédiats, également verts, mais de nature chimique bien différente.

Le premier principe immédiat n'est autre que le grain chlorophyllien débarrassé de son protoplasma.

Sa nature est celle d'un acide dont la souplesse indéfinie de ses affinités chimiques est incomparable.

Elle est telle qu'il peut se combiner avec toutes les bases salifiables de la Chimie moderne, et qu'elle lui permet de se modifier ou de se transformer de mille manières en se combinant avec les substances organiques les plus diverses.

Les faits nouveaux contenus dans cette note dont le nombre est illimité d'une part, et de l'autre les produits chlorophylliens si variés, si remarquables obtenus par MM. Frémy, Verdeil, Mudler, Stokes, Filhol, Ludwig, Kromayer, que rappelle M. le Docteur Wurtz à la page indiquée, sont les uns et les autres des preuves convaincantes de cette indéfinie souplesse. Elle est non moins prodigieuse que l'immense profusion du grain chlorophyllien dans la nature.

Le deuxième principe immédiat également vert, placé à côté du premier, forme avec lui un contraste absolu.

En effet, ce deuxième principe immédiat est neutre, il est incapable de se combiner avec les acides et les bases ; son affinité pour les autres corps ne paraît pas moins paresseuse.

Sa rareté relative, encore bien qu'il existe très vraisemblablement dans toutes les feuilles, ne contraste pas moins avec l'extrême abondance du grain chlorophyllien.

(1) Les bâtonnets pourraient bien être des Cristalloïdes qu'il faut se garder de confondre avec les Chlorophyllates alcalins ou même l'acide Chlorophyllique.

En relisant ce résumé, l'esprit conçoit aussitôt qu'à des différences aussi profondes en ce qui concerne les deux principes immédiats, doit correspondre pour chacun d'eux un rôle physiologique bien distinct dans la création. L'on doit s'attendre en outre à trouver celui du premier fort considérable, et celui du second non moins effacé, ce qui ne veut pas dire que l'utilité de ce dernier ne soit pas également incontestable.

En effet, si MM. les botanistes ne nous parlent pas du second, ils nous montrent le grain chlorophyllien dans sa cellule, entouré de son protoplasma, où il puise l'existence qui se manifeste par deux des attributs de l'être vivant; il respire à sa façon et il se multiplie.

Rôle physiologi-
que du principe im-
médiat acide.

Il respire puisqu'il décompose l'acide carbonique pour en retenir le carbone et renvoyer l'oxygène dans l'atmosphère. Il se multiplie par fractionnement, ou bien en fixant sur le protoplasma une partie du carbone retenu dans la feuille; il retient très vraisemblablement l'autre pour se transformer, puisque c'est dans la cellule, à côté du grain chlorophyllien, que nous voyons apparaître le grain de fécule qui lui aussi se multiplie indéfiniment, que nous pouvons suivre dans toutes les parties de la plante, à partir de la feuille jusque dans les organes spéciaux, tels que grains du fruit, tubercules de la racine où il s'emmagasine.

D'après cela et en réfléchissant à la souplesse des affinités chimiques de l'acide chlorophyllique, ne sommes-nous pas logiquement portés à voir dans le grain de fécule la première transformation du grain chlorophyllien?

Elle ne serait pas la seule très invraisemblablement, car il y a longtemps que la Chimie nous enseigne que trois principes immédiats, à savoir : l'amidon ou fécule, la cellulose ou partie ligneuse des végétaux, différentes gommes et certains mucilages qui portent également le nom de gomme, sont composés identiquement des mêmes corps simples, de telle sorte que la formule $C^{12} H^{10} O^{10}$ les représente également tous les trois, en dépit de leur dissemblance et des nombreuses variétés que chacun d'eux nous présente.

Ainsi donc ce ne serait pas seulement le grain d'amidon de la pomme de terre, le grain de fécule de nos céréales, mais encore la partie essentielle de nos différentes essences de bois, et différentes variétés de gomme, que nous pourrions faire dériver directement de l'acide chlorophyllique.

Or, depuis longtemps il résulte également des travaux des Th. de Saussure, de Payen et de Péligot, que par l'addition de une ou plusieurs molécules d'eau on peut faire dériver, sous l'action d'acides, mêmes faibles, des trois principes immédiats ci-dessus dénommés, les diverses espèces de sucre que contiennent les végétaux; il suffit d'une seule molécule pour le sucre de canne dont la formule est $C^{12} H^{11} O^{11}$, de deux pour le sucre de fruits, qui a pour formule $C^{12} H^{12} O^{12}$.

Il ne s'agit pas là d'une simple conception puisque, même en dehors de l'action vitale, nos expériences de laboratoire la confirment de tous points; donc les principes immédiats ternaires qui précèdent peuvent bien dériver du grain chlorophyllien, et par suite de l'acide chlorophyllique.

Ne résulte-t-il pas également des travaux de M. de Lanessan, de ceux de M. Pringsheim, savant Berlinois que rappelle M. Baillon dans son *Dictionnaire de Botanique,* que le grain chlorophyllien, en fixant l'azote des azotates puisés dans le sol et plus probablement encore de l'ammoniaque puisé dans le sol ou dans l'air, ne saurait être étranger à la formation des principes quaternaires?

L'existence aujourd'hui indiscutable des chlorophyllates alcalins de potasse et d'ammoniaque ne rend-elle pas de plus en plus compréhensible la formation des principes quaternaires, et la présence de la potasse dans un grand nombre de végétaux terrestres; celle de la soude dans les végétaux marins ne s'explique-t-elle pas en songeant au chlorophyllate de soude?

Tout se tient ici, tout s'enchaîne ici, et le rôle physiologique du second principe immédiat de la matière verte, loin d'être en contradiction avec l'importance du rôle que l'on peut sans invraisemblance attribuer à l'acide chlorophyllique, ne peut que le confirmer ainsi que nous allons nous en convaincre.

Rôle physiologique du deuxième principe immédiat acide.

Le deuxième principe immédiat est vert, comme le précédent, mais il en diffère en ce qu'il est insoluble dans les dissolutions alcalines ou acides; ce principe immédiat est neutre, par conséquent.

Nous avons constaté également que tout comme le premier il est insoluble dans l'eau et soluble dans l'alcool, mais il diffère encore par son insolubilité dans le pétrole.

Les expériences chimiques qui m'ont révélé son existence semblent bien m'indiquer que ce principe n'est pas extérieur par rapport au limbe de la feuille; il en fait partie cependant, mais intérieurement.

Il constituerait, d'après mes observations, une couche extrêmement mince, sur laquelle, à l'intérieur de la feuille, reposeraient les cellules contenant le grain chlorophyllien et son protoplasma.

D'après cela, le rôle physiologique du deuxième principe immédiat est tout autre que celui du grain chlorophyllien; il est plus modeste, mais son utilité n'en est ni moins apparente, ni moins indiscutable.

Il ne peut ni attaquer, ni dissoudre les acides organiques qui prennent naissance dans la feuille, ou autre organe vert que ce soit. Il en est de même pour les alcalis, pour les alcaloïdes, les premiers puisés autour d'eux par les racines ou les feuilles, les derniers formés dans cet organe.

Il se comporte ainsi par rapport à tous ces corps, sans en excepter les chlorophyllates alcalins dont les dissolutions constituent ces liquides verts observés parfois dans les plantes. Voyons-donc en lui un isolateur parfait qui les maintient tous également, dans les organes feuilles ou fruits, où nous les voyons apparaître.

Tout ce que nous observons autour de nous s'accorde bien avec le rôle physiologique de nos deux principes immédiats, et en outre avec l'immense profusion du premier et la rareté relative du second.

Ne m'objectez pas, je vous prie, l'évident contraste que présente la structure élémentaire du grain chlorophyllien et l'importance que nous lui soupçonnons dans la formation des produits tirés du Règne végétal, puisque ce contraste entre la grandeur des résultats et la simplicité des moyens qui servent à les obtenir, apparaît comme le cachet constant et exclusif apposé sur les œuvres de la Création, toutes les fois que nous parvenons à soulever le coin du voile qui la recouvre.

Il ne me reste donc plus qu'à tirer, de tout ce qui précède, les conclusions suivantes.

CONCLUSIONS

La matière verte des végétaux frappe de tous côtés nos regards comme une énigme que les chimistes et les physiologistes commencent seulement à déchiffrer. Ces derniers nous montrent dans cet agent si mystérieusement dissimulé dans sa cellule un être rudimentaire organisé cependant pour vivre, puisqu'il respire et qu'il se multiplie, deux attributs de l'être vivant. Les premiers nous ont bien démontré, pendant le courant du siècle dernier, que le grain chlorophyllien est capable de prendre part à de curieuses transformations, à des combinaisons bien inattendues.

Aujourd'hui, d'après cette Note qui contient bien la Réponse à la Question posée par M. Wurtz lui-même, le grain chlorophyllien ne peut plus nous dissimuler son état civil et sa fonction, puisqu'il est démontré qu'en lui nous devons voir désormais un principe immédiat de nature acide, si voisin encore du règne minéral qu'il se combine volontiers avec les oxydes alcalins, terreux et alcalino-terreux sans exception. Il appartient cependant au règne végétal, ce qui ne l'empêche pas de se combiner également avec les Alcaloïdes.

Quel autre nom pourrait-on lui donner d'après cela, si ce n'est celui d'Acide

Chlorophyllique, et, par suite, aux composés que nous venons d'indiquer, celui de Chlorophyllates, noms qui rappellent heureusement son état civil et sa fonction.

Cette dernière ne se borne pas là, puisque tout Chlorophyllate alcalin se dédouble, en présence de l'alcool, en Phylloxanthine et en Phyllocyanate d'un beau bleu indigo, avons-nous vu. Mais alors, il perd son individualité ; une action ultérieure exercée sur le Phyllocyanate alcalin ne pourra jamais nous restituer le Chlorophyllate dont il dérive : à plus forte raison, le grain Chlorophyllien lui-même.

Ce raisonnement nous démontre clairement qu'il convient de renoncer aux macérations alcooliques pour extraire et analyser l'acide chlorophyllique, et me dispense de rappeler leur extrême complication, obstacle presque aussi infranchissable que le premier.

Nous n'avons rien de semblable à craindre en employant les lessives de soude. Elles ne peuvent pas, comme l'alcool, transformer en Phyllocyanates ou autres sels le Chlorophyllate de potasse, que la même feuille peut contenir d'ailleurs en quantité indéfiniment variable, suivant les circonstances. Elles se bornent à convertir en Chlorophyllate de soude tout le grain libre encore dans la plante, elles ne le transforment pas, ainsi que nous l'avons vu pour l'alcool. Elles seules nous permettent donc de l'isoler.

D'autre part, les acides minéraux dilués tels que l'acide chlorhydrique, se substituant simplement à l'acide organique sans que nous ayons à tenir compte de la base, potasse ou soude, avec laquelle il est combiné, il le précipite en totalité. Par conséquent il nous permet d'isoler avec sécurité toute la matière verte des végétaux sur lesquels nous avons opéré, toute, moins le principe neutre bien entendu.

C'est ainsi que du 8 novembre au 25 décembre 1897, en traitant, dans le Laboratoire de Chimie biologique de la Faculté de Médecine de Paris, par des lessives de soude, les vingt kilos et plus de feuillages verts mis à ma disposition, j'ai isolé à la fois, sans trop grande difficulté, de douze à quinze cents grammes d'acide chlorophyllique, sous la surveillance et le contrôle de son éminent Professeur, membre de l'Institut, qui en a témoigné, par sa Note insérée à la date du 31 janvier 1898, dans le précieux Recueil des comptes-rendus de l'Académie des Sciences.

Cette garantie, que je viens de signaler en terminant, place bien haut au dessus de toute méprise possible, le fait de la séparation de la matière verte que contiennent les organes que nous savons. Les détails minutieux que l'on a trouvés au début de cette note permettent à chacun de nous de reproduire cette séparation, et de répéter les expériences qui confirment tout ce que j'ai dit sur l'acide chlorophyllique.

Plus tard, les hommes éminents qui dirigent les laboratoires où l'on s'occupe spécialement de la Chimie et de la Biologie concernant les végétaux, compléteront et feront connaitre, avec l'autorité qui leur appartient, l'histoire de cet agent si peu connu encore, et cependant si répandu ; j'aurai atteint ainsi le but utile que je me suis simplement proposé en écrivant ces lignes.

Puissé-je avoir été assez heureux pour appeler, par ma *Réponse,* l'attention de Messieurs les Membres du Conseil supérieur de l'Instruction Publique sur une *Question* de Chimie élémentaire trop importante, trop belle par elle-même, pour ne pas trouver bientôt place dans les programmes de nos Lycées, au seuil de la Chimie organique.

A. GUILLEMARE,

Inspecteur honoraire de l'Académie de Bordeaux,
Ancien Vice-Recteur de la Réunion.
Chevalier de la Légion d'honneur, etc., etc.

Saint-Cernin de Larche (Corrèze), 1er Septembre 1902.

N.-B. — *En 1877, M. Frémy, plus récemment en 1897, M. Armand Gautier, délégués par l'Académie des Sciences, après avoir été témoins des faits chimiques exposés dans ce Mémoire et après les avoir contrôlés, ont bien voulu l'un et l'autre dans les comptes-rendus de l'Académie (7 mai 1877, 31 janvier 1898), témoigner de leur précision et de leur nouveauté.*

En 1900, le 26 juillet, devant le Congrès International de Chimie appliquée, réuni à Paris, une Note exposant les principaux faits contenus dans la première partie de ce Mémoire a été lue par leur auteur. En 1902, la dite Note a été reproduite in-extenso par M. Henri Moissan, Membre de l'Institut, Président du Congrès, dans son rapport.

Elle figure à la Section IV dans le tome premier. Voir pages allant de 566 à 574.

Brive, imp. Roche, 27, avenue de la Gare. — 1902.

Très respectueux hommage de l'auteur à l'Académie des Sciences.

A. GUILLEMARE,

Inspecteur honoraire de l'Académie de Bordeaux.

Saint-Cernin-de-Larche (Corrèze).

ACIDE CHLOROPHYLLIQUE

2me FASCICULE

(Suite et Fin)

Le Grain Chlorophyllien est l'antécédent, le point de départ de la Vie organique.

Comme tel, sa génération est spontanée et ne pouvait être que spontanée. Elle est le résultat d'une affinité spéciale de la matière radiante pour le Carbone, l'Hydrogène et l'Oxygène.

Tous les faits observés prouvent qu'il en est bien ainsi.

(2)

Ce Fascicule a été reçu par l'Académie des Sciences dans la séance du 20 Juin 1904 puis déposé par M. Berthelot, Secrétaire perpétuel de l'Académie, dans la Bibliothèque de l'Institut.

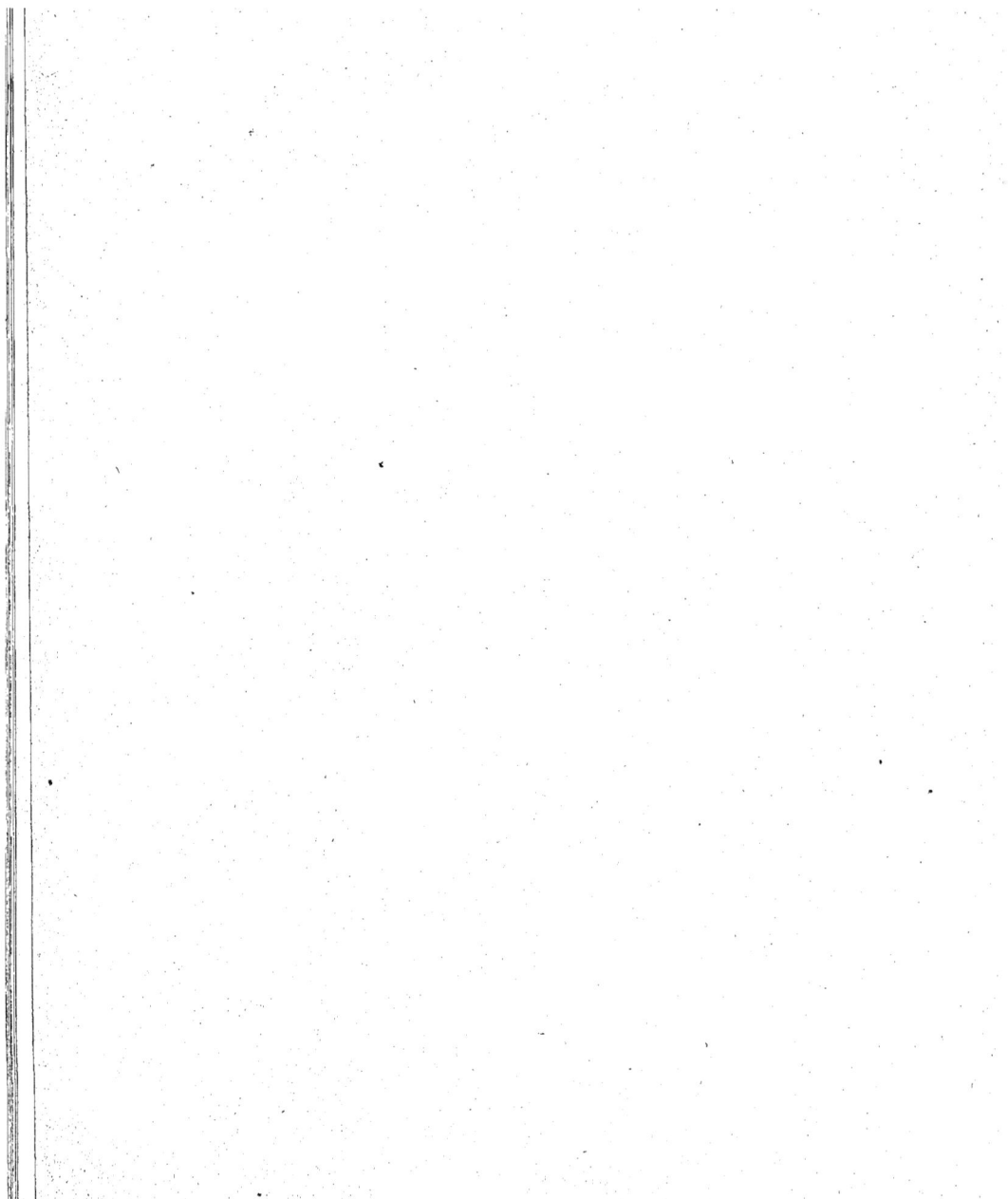

ACIDE CHLOROPHYLLIQUE

Renvoi au 1ᵉʳ Fascicule ; présenté à l'Académie des Sciences par M. Berthelot, secrétaire perpétuel de l'Académie (1) le 24 novembre 1902.

L'analyse immédiate de la matière verte nous a révélé, précédemment et du même coup, un fait nouveau et une circonstance unique dans l'étude des sciences naturelles. En effet.

Nous avons rappelé, d'abord, que le grain chlorophyllien est un être qui respire et se multiplie. Donc, en dépit de la simplicité de sa structure, il est doué de la vie, tout comme la plante ou l'animal aux organes les plus compliqués, ou les mieux développés.

Mais, pour la première fois jusqu'à ce jour, nous avons constaté, en outre, que cet être vivant est en même temps un acide, végétal il est vrai, mais enfin un acide comparable aux acides minéraux, en raison de son affinité pour toutes les bases salifiables et, en particulier, pour la potasse, la soude et l'ammoniaque. En conséquence :

Fait unique, observé pour la première fois.

Deux forces bien distinctes, *la Vie* et *l'Affinité*, semblent bien avoir été, *par exception,* dévolues, à la fois, au grain chlorophyllien.

Il est au moins logique de rechercher, en Biologie, si la présence simultanée de ces deux forces n'assure pas au grain chlorophyllien, dans la vie organique, un rôle prépondérant que nous soupçonnons lui appartenir, et si elle ne doit pas, pour le moins en ce qui le concerne, nous aider à comprendre des points restés dans l'ombre jusqu'à ce jour.

Pour faciliter cet examen, suivons pas à pas le grain chlorophyllien dans la plante.

Chacun sait que son domicile d'élection est la feuille, dont les stomates y

---

(1) Comptes-rendus de l'Académie du 8 décembre 1902. Partie bibliographique page 1083.

laissent passer la vapeur d'eau et l'acide carbonique de l'atmosphère, tandis que son limbe transparent permet aux rayons de soleil de s'y accumuler.

Le grain chlorophyllien prend naissance dans ce milieu ; il y vit, il s'y multiplie indéfiniment. En laissant de côté, pour un moment, la matière radiante émise par le soleil, on voit que le grain chlorophyllien ne saurait contenir, en fait d'éléments pondérables, que du carbone de l'hydrogène et de l'oxygène (1).

Mais passons, l'été est écoulé ; arrive l'automne, et avec lui survient la chute des feuilles. Pour un œil distrait, le grain vert a disparu pour tout l'hiver avec la feuille ; il n'a cependant pas abandonné l'arbre, il est aisé de constater qu'il forme, principalement autour des dernières pousses, autour des branches terminales, comme une gaîne entre l'aubier et l'écorce brune qui la recouvre.

Nous avons bien le droit de nous demander par quel mécanisme a-t-il pu se transporter de la feuille dans cet organe et dans quel but s'y est-il accumulé ?

Pour répondre à cette question, il suffit de se rappeler les faits révélés dans le premier fascicule par l'analyse immédiate, ils nous offrent une facile réponse qui se trouvera après, indirectement et cependant, entièrement confirmée par une autorité de haute valeur que nous citerons de suite.

Nous avons vu, en effet, que la potasse du sol puisée par les racines et amenée jusque dans la feuille par la sève ascendante, n'a pu faire autrement que de se combiner avec une quantité équivalente d'acide chlorophyllique. Le chlorophyllate de potasse ainsi formé et mêlé à la sève descendante a parcouru forcément les branches terminales tout d'abord ; arrivé en ces points, le chlorophyllate de potasse semble bien s'être dédoublé : l'acide chlorophyllique pour former la gaîne que nous savons, la potasse pour s'emmagasiner dans la partie ligneuse sous-jacente.

Cette réponse explique facilement la présence de la potasse et celle du grain chlorophyllien dans la branche. Passons à l'autorité qui la justifie hautement.

Travaux de M. Isidore Pierre.

Dans ce but, rappelons de suite, qu'en 1860, les *Annales de Physique et Chimie* ont longuement reproduit les travaux si importants de M. Isidore Pierre, doyen de la Faculté des sciences de Caen.

Migrations des principe immédiats dans les plantes.

C'est dans ce Recueil que sont imprimées les laborieuses observations de ce savant sur les Migrations effectuées annuellement en Mai, Juin, Juillet, etc., dans les végétaux par les principes immédiats, cellulose, amidon, fécules,

---

(1) Je ferai connaitre un peu plus loin les difficultés spéciales que présente l'analyse du petit grain vert.

gommes, sucres et autres ayant tous, ainsi qu'il le constate, pour point de départ la feuille et pour point d'arrivée les organes spéciaux où nous les trouvons emmagasinés. Si ce savant observateur n'a pas signalé l'acide chlorophyllique cela tient uniquement à ce que, en 1860, l'analyse immédiate de la matière verte n'avait pu être encore effectuée.

Et maintenant, pourquoi ce modeste végétal, dépourvu de racine, de tige et de feuilles, ce principe immédiat, doué de la vie cependant, est-il venu se réfugier avant la chute des feuilles sous l'écorce?

Il est venu là, à proximité des bourgeons, pour hiberner, pour sommeiller pendant l'hiver; il se réveillera au printemps pour continuer son œuvre interrompue, il fabriquera la matière des cellules du bourgeon, il s'empressera de se répandre dans la feuille encore blanche et à peine développée, pour s'y multiplier de nouveau, et du même coup le végétal tout entier va renaître à la vie, il va de nouveau s'accroître, comme l'année précédente, par l'apport de la cellulose et autres principes immédiats qui prennent naissance dans la feuille (1).

Ces faits s'accordent, de tous points, avec ce que nous apprennent les migrations des principes immédiats, ainsi que l'analyse immédiate de la matière verte. Celle-ci nous a démontré, en particulier, que le grain chlorophyllien peut être séparé de la feuille et de son protoplasma sans cesser, pour cela, d'être identique à lui-même; qu'il peut également, sans être modifié, s'unir par l'affinité avec la potasse et s'en séparer ensuite; puisqu'il suffit d'ouvrir les yeux pour se convaincre que c'est bien de cette façon que les choses se passent autour de nous dans la nature et dans le laboratoire. (Voir le 1er fascicule).

Le grain chlorophyllien est un être unique dans la création. Il est donc démontré, pour la seconde fois, que le grain chlorophyllien est un être unique dans la création. Végétal et acide tout à la fois, il traverse les âges en restant identiquement le même, tandis que tout autour de lui toutes les plantes auxquelles il a transmis la vie continuent leur évolution, tout comme les animaux, et cela conformément à des lois si bien étudiées par Geoffroy de Saint-Hilaire, au XVIIIe siècle, si nettement résumées et formulées à la même époque par Lamarck, qu'elles ne laissent subsister aucun doute sur la réalité du transformisme (2).

Le grain chlorophyllien est donc bien un être exceptionnel, apparu à une certaine époque pour dominer le règne minéral, pour édifier et rajeunir sans cesse le règne végétal qui ne saurait se perpétuer sans lui.

Cette vérité va devenir de plus en plus évidente à mesure que nous avancerons dans cette étude.

(1) Cette explication peut s'adapter rigoureusement aux cas de la greffe.
(2) Nous ne tarderons guère à revenir sur cette importante question du transformisme.

L'importance du rôle que remplit ce corps exceptionnel est bien grande d'après cela ; cette importance grandit encore, cependant, si l'on songe à ce que deviendrait le règne animal si les nombreux végétaux herbacés ou ligneux qui récèlent le petit grain vert venaient à disparaître avec lui !

Il mérite donc bien de fixer encore quelques instants notre attention.

Nous avons vu que le soleil est bien indispensable pour que la chlorophylle puisse se former dans la feuille, ce qui revient à dire que ce végétal si singulier, le grain chlorophyllien, serait par lui-même, sans le soleil, impuissant à se multiplier. Mais, que lui apporte le rayon de soleil ?

De quelle substance pondérable sont formés cet apport et le rayon lui-même ?

Pour dégager cet inconnu, il faudrait probablement au chimiste quelque chose de plus qu'un mot nouveau. Il lui faudrait : 1° Un réactif pour le séparer du rayon de lumière ou bien encore du grain chlorophyllien dans lesquels il semble bien se dissimuler ; 2° une balance assez sensible pour déterminer, en toute sécurité, sa densité et son équivalent ; 3° il faudrait sans doute, au chimiste, des sens, tout autres que les nôtres, pour lui permettre d'en donner un signalement complet, faire connaître à tout le monde ses propriétés physiologiques et organoleptiques. Tout semble donc nous faire prévoir que nous ne saurons jamais ce que c'est qu'un rayon de soleil dont les merveilleuses et innombrables propriétés ont été si bien étudiées, si bien mises à profit par les plus illustres astronomes, physiciens et chimistes de tous les pays.

Nous ne saurons sans doute jamais quelle substance il apporte au grain chlorophyllien, substance que ce dernier transmet, sans doute avec la vie, aux plantes et aux animaux qu'il a reçu mission d'organiser.

Nous devrions savoir, au moins, les poids de carbone, d'hydrogène et d'oxygène qui entrent dans la constitution d'un gramme d'acide chlorophyllique puisque, depuis longtemps, l'analyse quantitative n'est plus qu'un jeu d'enfant pour le chimiste s'appliquant à la même recherche, quand il s'agit de la cellulose du lin, du chanvre, du coton, de l'amidon, de la fécule, ou du tapioca, des différentes sortes de gommes ou de sucres, etc. Pourquoi ?

Ce sont là autant de principes immédiats que l'on peut aisément séparer des organes qui les contiennent, en ayant simplement recours à des procédés physiques ou mécaniques.

Il en est tout autrement du grain chlorophyllien que nous ne pouvons séparer de la feuille et du protoplasma qu'en ayant recours à une double opération chimique assez compliquée, puisqu'il faut d'abord l'unir intimement

Causes multiples pour lesquelles nous ne connaîtrons jamais, sans doute, tout ce qu'renferme le grain chlorophyllien, pas même les proportions de Carbone, d'Hydrogène et d'Oxygène qui y sont contenues.

à la soude caustique et l'en séparer ensuite, l'en précipiter au moyen d'un acide minéral, l'acide chlorhydrique.

Nous avons vu, dans la première partie de cette étude (page 9), qu'il est relativement facile d'obtenir un chlorophyllate de soude pur et par conséquent l'acide chlorophyllique entièrement débarrassé des matières extractives contenues dans les feuillages des plantes.

Tout marche bien jusqu'ici ; mais cet acide chlorophyllique pur qui vient d'apparaître au milieu de l'eau distillée, obtenu par voie humide pour employer l'expression consacrée, a retenu, mécaniquement au moins, j'ignore quelle quantité d'eau qui lui est étrangère, et il faut songer à l'en débarrasser avant d'en commencer l'analyse, et c'est ici que commence à apparaître la difficulté que j'ai promis de signaler.

Pour enlever à l'acide chlorophyllique l'eau étrangère qui fausserait l'analyse quantitative, puisqu'elle nous donnerait des chiffres trop forts pour l'hydrogène et l'oxygène, il ne suffit pas de mettre le précipité à s'égoutter spontanément, voire même de l'introduire dans une essoreuse : ces moyens là sont insuffisants.

Si, pour atteindre un résultat aussi indispensable, j'essaie de me débarrasser de l'eau interposée en ayant recours à la raréfaction de l'air autour du précipité déposé sur une assiette en porcelaine dégourdie, poreuse par conséquent, il semble bien que j'ai dépassé, en opérant ainsi, le but qu'il faut simplement atteindre. L'eau interposée a bien été enlevée, mais l'eau d'interposition, qui fait sans doute partie du grain chlorophyllien, a été également entraînée ; ce qu'il y a de certain, c'est que la matière verte qui reste n'est plus soluble dans la potasse, la soude ou l'ammoniaque, son identification avec la chlorophylle est désormais impossible. Je ne puis donc passer outre.

L'on arriverait peut-être à tourner la difficulté en obligeant le chlorophyllate de soude pur à cristalliser. L'on parviendrait à ce résultat, vraisemblablement, en abaissant lentement et de plus en plus sa température. Puisque nous l'avons vu résister à des températures élevées, ces sortes de variations ne paraissent pas devoir dissocier ce sel. Peut-être, hélas !

Le problème serait bientôt résolu, sans doute, si nous pouvions avoir quelques cristaux d'un chlorophyllate alcalin, en profitant pour cela des abaissements exceptionnels de température que l'on peut obtenir dans les laboratoires où la liquéfaction des gaz les plus réfractaires est cependant journalière réalisée aujourd'hui.

Il y aurait intérêt à savoir si l'Isomérie observée dans les principes immédiats

(C^{12} H^{10} O^{10}), si souvent rappelée ici, s'étend également au grain chlorophyllien dont ils dérivent si directement, sans que nous en puissions douter.

Génération spontanée du Grain Chlorophyllien
ou Acide Chlorophyllique

Au point où nous en sommes arrivés dans l'étude du grain chlorophyllien, nous sommes certains, pour l'avoir sérieusement constaté, que cet être exceptionnel est resté identique à lui-même après avoir non seulement traversé les âges, mais encore après s'être séparé de la feuille pour hiberner, sommeiller pendant des mois entiers, et, circonstance bien autrement déconcertante, tout d'abord, après lui avoir vu supporter des températures et des contacts qui semblaient bien devoir l'anéantir.

La feuille n'est peut-être pas indispensable pour que le grain vert puisse se former par le concours du soleil, de l'eau et du carbone. Ne semble-t-il pas résulter de là que l'intervention du rayon de soleil, intervention sans laquelle l'eau et l'acide carbonique n'auraient pas pu s'unir pour le constituer dans la feuille, peut bien se passer de cette dernière pour atteindre le même résultat ?

L'importance de la question ne saurait échapper à personne.

Les faits observés et que nous venons de rappeler ne semblent-ils pas indiquer que l'affirmative n'aurait rien d'invraisemblable si elle devait se faire jour ?

Non, peut-être, mais cela ne saurait nous suffire.

D'ailleurs, si la génération spontanée du grain chlorophyllien a pu se produire à une certaine époque, *elle doit être, elle est encore possible,* elle doit *encore* avoir lieu, puisque les conditions nécessaires à la vie organique lui sont toujours favorables.

La science qui, avec raison, n'admet ici que le fait observé et rejette toute hypothèse si vraisemblable qu'elle soit, nous dit que la nature est un grand livre, le seul que nous ayons le droit de consulter ici pour résoudre une question de ce genre ; ouvrons-le donc ce livre et consultons-le.

Il n'est pas nécessaire d'être un spécialiste en botanique, il suffit d'être un modeste observateur, sincèrement épris de la science, pour s'arrêter plein d'admiration devant la flaque d'eau qui croupit en été, tandis que l'acide carbonique de l'atmosphère et les rayons du soleil ont pu s'y emmagasiner librement.

C'est que, dans cette flaque d'eau, on peut contempler une flore spéciale et bien digne ici du plus haut intérêt.

Nous voyons d'abord flotter, à la surface de cette eau, de très petits corpuscules verts ; ils sont entièrement libres de se déplacer au gré du vent ; ils ne possèdent à aucune époque de leur existence ni tige, ni feuilles, ni racines, et si on fait l'inventaire de ce que contiennent ces végétaux, qui ne méritent certainement pas le nom de plantes, on voit qu'il se réduit à quelques grains de chlorophylle protégés par une enveloppe non moins transparente que le limbe de la feuille ; mais cette enveloppe ne porte ni nervures, ni trace de pétiole, c'est une surface lisse. Enfin, ce corpuscule vert est un végétal, mais non une plante, car il est dépourvu de racine, de tige, à plus forte raison de feuilles : c'est un vrai sac à chlorophylle.

Dans son Dictionnaire de Botanique, Sébastien Girardin (1751-1816), comme les botanistes de son époque, donne à cette sorte de sac le nom de feuillade ou de *fronde,* du mot latin *frons* (1).

Le grain chlorophyllien, ce nouveau-né qu'il contient, parait bien être le produit d'une *affinité spéciale*, quoique bien mystérieuse, de la lumière radiante pour le carbone, l'hydrogène et l'oxygène, corps simples, dont le rôle, dans le phénomène de la combustion et dans le grand acte de la respiration, a été si bien établi par notre immortel Lavoisier.

Il y a bien, dans ce qui précède, un commencement de preuve en faveur de cette idée : « La naissance du grain chlorophyllien est bien due uniquement à l'affinité spéciale de la matière radiante pour le carbone, l'hydrogène et l'oxygène ». Des faits nombreux, que chacun peut observer, vont sans tarder se charger seuls de convertir en un axiôme cette dernière proposition. Ils vont nous démontrer, en outre, que le grain chlorophyllien traverse les âges sans se modifier ; ils vont nous prouver, en même temps, qu'il n'a jamais eu lui-même d'antécédent, parce que : *Il est le point de départ de la vie organique.*

Et d'abord, pour se convaincre qu'il traverse les âges sans se modifier, observons que le grain chlorophyllien de la feuillade ou fronde de notre flaque d'eau est bien identique à celui que nous savons extraire des feuillages herbacés ou ligneux des plantes que nous avons vu naître et croître à toutes les époques de notre existence, qu'il en est de même pour le chêne centenaire, pour le figuier des banians dont l'existence remonte facilement à six ou huit siècles

---

(1) Depuis cette époque, ce mot sert à désigner les surfaces membraneuses si communes chez les Acotylédonées.

en arrière, pour le géant enfin de la création, le baobab, auquel on s'accorde à attribuer parfois jusqu'à six mille ans de date, tant est prodigieux son développement (1).

Notons un fait en passant, parce que nous aurons peut-être besoin de l'invoquer un peu plus loin. Les dimensions du grain vert emprunté au baobab, ou bien à la feuillade née d'hier, ne présentent aucune différence appréciable, les unes et les autres tendent vers zéro ; c'est dire que, depuis une longue suite de siècles, la taille du grain chlorophyllien est restée stationnaire. Il en est bien ainsi, si nous remontons jusqu'à l'époque de la liquéfaction de l'eau, époque à partir de laquelle la vie organique est devenue seulement possible sur notre planète, ainsi que le rappelle M. Peyrusson dans son magistral discours sur la Vie. Pour se convaincre qu'il en a été de même dans un passé aussi lointain, il suffira sans doute d'interroger les empreintes fossiles et si nettes des feuillages indéfiniment variés que nous observons à tous les étages géologiques, on reconnaîtra que leur structure est la même depuis les temps les plus reculés jusqu'à l'heure actuelle.

Il me reste maintenant à démontrer, par l'observation seule des faits, que le grain chlorophyllien est bien le point de départ de la vie organique, que c'est bien lui qui a donné naissance à toutes les plantes, aux divers organes qu'elles contiennent, et par conséquent à la feuille elle-même.

Pour cela, retournons un instant sur les bords de notre flaque d'eau ; observons avec attention, la loupe à la main, les corpuscules verts, les feuillades ou frondes. Bientôt, à côté des sacs fermés, très petits, contenant des grains verts, nous ne tarderons pas à en voir de bien plus gros, qui portent inférieurement une, parfois deux fentes ; en voici qui, par ces ouvertures, laissent apercevoir des rudiments de racines qui ne les empêchent pas de continuer à flotter librement. Il en est dans lesquels les racines s'allongent sans cesse et tendent à atteindre le sol comme pour s'y fixer. J'en vois chez lesquels les corpuscules deviennent gibbeux, d'autres se multiplient deux par deux, trois par trois, ou quatre par quatre, en prenant les formes les plus variées, en passant du cercle à l'ovale, de l'ovale allongé à la forme triangulaire ; j'en vois, parmi ces dernières, d'atténuées en forme de pétiole à la base.

Messieurs les Botanistes estiment sans doute que toutes ces feuillades ou frondes ne sont qu'autant d'ébauches de plantes abandonnées par le grain chlorophyllien, s'essayant dans le rôle d'organisateur de la vie végétale,

---

(1) L'auteur de cette note a eu l'occasion d'en mesurer un, dont le contour de son tronc, à deux mètres au-dessus du sol, égalait 14 mètres 35 centimètres.

puisqu'ils ont réuni tous ces résultats si imparfaits dans une seule famille à laquelle ils ont donné le nom de Lemnacées.

Quoi qu'il en soit, nous ne tarderons pas à reconnaître comment, à la suite de perfectionnements qui ont exigé de nombreux siècles, semblables ébauches, produites par des causes identiques avant l'apparition de la vie organique, ont été remplacées définitivement par des plantes variées à l'infini, pourvues d'organes tels que les feuilles actuelles, où, grâce au grain chlorophyllien, s'élabore la graine qui assure leur reproduction.

En attendant, de ce qui précède nous avons le droit de conclure que le petit grain vert, pour faire son apparition dans la vie, n'a pas eu besoin de l'abri du feuillage de la plante.

Cette dernière impression se fortifie rapidement et en même temps les lois de Lamarck, relatives à l'évolution des plantes, s'imposent à notre esprit avec une puissance irrésistible quand nous poursuivons notre examen dans la flaque d'eau et tout autour d'elle. Encore bien que les quatre lois formulées par notre illustre et ancien membre de l'Académie des Sciences s'appliquent également aux animaux et résument par conséquent tout le transformisme, je crois devoir les rappeler avant de continuer la démonstration entreprise, parce qu'elles me permettront de l'abréger heureusement et très rapidement.

Les quatre lois de Lamarck.

I. — « La vie, par ses propres forces, tend continuellement à accroître le volume de tout corps qui la possède et à étendre les dimensions de ses parties jusqu'à un terme qu'elle amène elle-même.

II. — « La production d'un nouvel organe résulte d'un nouveau besoin intervenu qui continue à se faire sentir, et d'un nouveau mouvement que ce besoin fait naître et entretient.

III. — « Le développement des organes et leur force d'action sont constamment en raison de l'emploi de ces organes.

IV. — « Tout ce qui a été acquis, supprimé ou changé dans l'organisme des individus pendant le cours de leur vie, est conservé par la génération et transmis aux nouveaux individus qui proviennent de ceux qui ont éprouvé ces changements ».

Maintenant que j'ai sous les yeux les lois de Lamarck, je ne puis m'empêcher de faire remarquer que pas une de ces lois, pas même la première, ne saurait s'appliquer à l'objet de cette note, au grain chlorophyllien, qui est bien néanmoins un être vivant, répandu sous toutes les longitudes, à peu près sous toutes les latitudes (ce qui suffirait peut-être à démontrer qu'il est le plus anciennement apparu parmi les êtres vivants). Je me contente de faire remarquer que cette impossibilité d'appliquer les lois de Lamarck à cet atôme vivant, démontre pour la quatrième ou cinquième fois qu'il occupe dans la création une situation exceptionnelle, qui implique bien un rôle exceptionnel à remplir.

C'est du reste ce que nous allons voir clairement, en continuant l'inventaire des plantes contenues dans notre flaque d'eau et sur ses bords.

Nous voyons en effet, à côté des Lemnacées, toute une famille de plantes déjà dignes de ce nom, bien qu'elles ne contiennent pas encore de feuilles ; c'est bien le cas de la famille des Characées, dont tous les individus ont des racines qui s'enfoncent plus ou moins profondément dans le sol, des tiges que surmontent des ramuscules souvent terminés par des stipules, parfois redressés, et enfin, c'est là surtout où le progrès se fait remarquer, ces individus portent des rudiments de graines, des spores, lesquels devront suffire à assurer leur reproduction. Ces rudiments de graines ne sont pas encore produits par la fleur, qui n'apparaîtra que bien plus tard. Ces rudiments se montrent sous forme de poussière, au niveau des angles de division des ramuscules.

Mais que de progrès accomplis depuis la première feuillade ou fronde observée !

Ce progrès s'observe encore quand on passe du genre Nitella à cet autre genre Chara, qui, à eux deux, constituent toute la famille des Characées.

C'est ainsi que la tige du *Nitella gracilis* est bien formée d'un tube simple, dont la ténuité le rend comparable à celle d'un fil de soie sorti du cocon, tandis que nous trouverions aisément dans le genre Chara ce même tube, renforcé par un nouveau tube identique au premier, mais s'enroulant sur lui en forme de spirale ; c'est bien là ce que pouvait faire prévoir la quatrième loi de Lamarck.

Si nous continuons l'examen des plantes, dont les unes ont leurs racines qui plongent dans l'eau croupissante, tandis que les autres vivent dans son voisinage (c'est bien le cas des Marsiléacées, des Equisétacées et des Fougères), on reconnaît en elles une communauté d'origine qui donne à réfléchir. Toutes doivent, également, leur naissance, non à des graines mais à des spores ; dans toutes, les véritables feuilles n'existent pas ; elles sont remplacées par des lames qui rappellent la feuillade, les frondes, cela se montre bien dans les prétendues feuilles de Fougère ; les ramuscules des Marsiléacées rappellent ceux du *Nitella gracilis* et les ramuscules des Marsiléacées exotiques sont si fins et si soyeux, que toute la plante a l'aspect d'une plume d'oiseau de la plus grande délicatesse, abritant des sacs remplis de spores ; circonstance autrement significative, toutes ces plantes sporogames ont été rangées et à bon droit, par Messieurs les Botanistes, dans l'embranchement des Acotylédonées.

Voilà qui démontre que toutes ces plantes sporogames sont bien à leur place, entre le grain chlorophyllien abrité dans sa feuillade qui flotte sur la flaque d'eau, d'une part, et de l'autre toutes les plantes herbacées ou ligneuses qui constituent les embranchements supérieurs, c'est-à-dire les Monocotylédonées et les Dicotylédonées (1).

Donc, le grain chlorophyllien, dont la génération spontanée a été démontrée, a bien été le point de départ de la vie des végétaux.

Il y a plus, on peut affirmer *qu'il est bien l'antécèdent nécessaire* de la vie organique ; en effet, supprimez cet antécédent, et, malgré l'aphorisme de Wirchow : *omnis cellula a cellula,* l'existence de toutes les plantes redevient absolument inexplicable, tandis que grâce à lui, et à lui seul, tout s'explique naturellement, tout s'éclaire et l'aphorisme lui-même devient aussi compréhensible qu'un axiôme.

Donc, enfin, sa génération *spontanée* était elle-même *indispensable.*

Aussi, le savant professeur de physique Pouchet, si vivement combattu autrefois par Pasteur, avait-il entrevu, avec raison, que la génération spontanée au sein de l'eau devait exister quelque part dans la création ; son seul tort paraît bien être d'avoir voulu la placer immédiatement avant le règne animal, à la naissance des infusoires ; son erreur consiste donc à ne pas avoir songé au grain chlorophyllien, cet autre infiniment petit qui occupe cependant une si grande place sur notre planète !

Il me semble inutile maintenant d'insister plus longuement sur cet être exceptionnel. Son étude s'impose désormais à toute personne qui voudra se livrer à de sérieuses recherches sur la Biologie et la Physiologie des végétaux.

Il n'est pas un seul fait nouveau le concernant qui vienne contredire les découvertes et les trésors scientifiques accumulés pendant les XVIIIe et XIXe siècles par les hommes qui ont le plus illustré l'humanité.

---

(1) Dans toute cette immense série nous retrouvons toujours le grain chlorophyllien immuable dans sa forme, ce qui nous montre bien en lui le point de départ de la vie organique et nous permet, sans nous écarter de la vérité scientifique, de dire que si parfois l'homme peut, avec raison, s'énorgueillir de faire remonter son origine jusqu'au XIIe siècle, toute l'humanité a le droit, si elle le veut, de reporter la sienne beaucoup plus loin, par exemple jusqu'à l'époque de l'apparition de la Flore tropicale, cette inoubliable splendeur de la création !

DERNIÈRE CONCLUSION

Les faits nouveaux et les observations qui établissent que le grain chloro-phyllien est bien l'antécédent, le point de départ de la vie organique, nous le montrent par conséquent comme un intermédiaire nécessaire entre le règne minéral et les deux autres, intermédiaire sans cesse agissant dans un perpétuel recommencement.

Malgré cela, cependant, nous croyons pouvoir le comparer, en toute vérité, en toute simplicité, au petit ressort d'acier dissimulé dans son boîtier, d'où, d'une façon inconsciente, il entraîne, avec les différents rouages de la montre, les aiguilles sur son cadran.

L'œuvre que le grain chlorophyllien a accomplie jusqu'à ce jour et qu'il ne cesse de poursuivre, est immense ; elle dépasse la raison humaine qui la constate nettement cependant ; d'autre part, la science arrêtée par un rayon de soleil, ne pourra sans doute jamais nous faire connaître tous les éléments qui constituent cet être exceptionnel, et à plus forte raison elle ne pourra jamais remonter jusqu'à son origine, dont il semble bien séparé par une dis-tance incommensurable, oui, incommensurable, tout comme le Temps, tout comme l'Etendue que notre raison conçoit nettement, sans pouvoir néan-moins se les expliquer.

A. GUILLEMARE,

Inspecteur honoraire de l'Académie de Bordeaux,
Ancien Vice-Recteur de la Réunion,
Chevalier de la Légion d'honneur, Officier de l'Instruction publique.

Saint-Cernin-de-Larche (Corrèze), 9 Mai 1904.

Brive, imprimerie Roche, 27, avenue de la Gare.

La Vie Organique tout entière révélée uniquement par l'observation
de la matière verte ou Grain Chlorophyllien.

───── ✥ ─────

« Pour éviter tout écart, supprimer le raisonnement qui est de nous et peut seul nous
égarer, ne considérer que les faits qui sont
des vérités données par la nature et qui ne
peuvent nous tromper, ne chercher la vérité
que dans l'enchaînement des expériences et
des observations. — LAVOISIER. »

(Discours à l'Académie, séance du 18 avril 1787)

───────

En suivant rigoureusement ce conseil donné par Lavoisier, l'immortel auteur de la Chimie et de la Physiologie modernes, on arrive aisément à établir par tout ce qui va suivre quelle a été la genèse de l'homme, celle des animaux et des plantes qui l'ont précédé dans la vie.

Voilà une nouveauté scientifique autrement merveilleuse et intéressante que les féeries orientales dont on a bercé notre enfance et surexcité (peut-être à un trop haut point) nos jeunes imaginations.

Commençons donc de suite, mais non sans avoir donné au lecteur quelques mots d'explication bien indispensables.

Le 23 août 1897 un mémoire a été présenté à l'Académie des Sciences ; une commission a été nommée par la haute assemblée : elle a été chargée de convoquer l'auteur du dit Mémoire dans le laboratoire de Chimie biologique de la Faculté de Médecine de Paris. Conformément à cette décision, tous les faits nouveaux exposés dans ce Mémoire ont été longuement reproduits par

(3)

leur auteur, pendant les mois de novembre et de décembre 1897, devant la commission, puis contrôlés par elle.

Enfin, ils ont été imprimés et reconnus exacts dans les comptes rendus de l'Académie (séance du 31 janvier 1898).

Pour éviter des longueurs inutiles et pour ne pas fatiguer le lecteur, nous citerons simplement les faits contrôlés et certifiés vrais par l'Académie elle-même. Si d'ailleurs l'on désire entrer dans les détails qu'ils comportent, il n'y aura qu'à se reporter à deux fascicules dans lesquels ils sont longuement exposés (*).

Les dits fascicules offrent toute garantie de sincérité puisque par ses lettres officielles Monsieur Berthelot, l'illustre secrétaire perpétuel de l'Académie des Sciences, a fait connaître que le premier avait été reçu par l'Académie le 24 novembre 1902, le second, le 20 juin 1904, que l'un et l'autre ont été déposés dans la Bibliothèque de l'Institut.

Convenons en conséquence, pour aller plus vite, de renvoyer, pour les explications, nos lecteurs, quand il s'agira des faits nouveaux, au fascicule et à la page où ils sont développés.

Et maintenant, entrons en matière sans plus tarder. Quand on soumet à la température de 100 degrés environ, les feuillages des plantes dans de la lessive de soude caustique, le limbe de la feuille, son pétiole, ses nervures disparaissent, parce qu'ils sont détruits par la soude ; seule, la matière verte, ou grain chlorophyllien des botanistes, y est conservée intacte, parce qu'il se trouve que cette matière verte est en chimie un des acides les mieux caractérisés (1er fascicule, pages 9).

Tel est le fait révélé à l'Académie des Sciences par le mémoire qui lui a été soumis pendant la séance du 23 août 1897.

Ce fait nouveau a permis à son auteur de séparer sans l'altérer (voir le 1er fascicule, page 25) le grain chlorophyllien, non seulement de la feuille, mais de tout ce qu'elle peut contenir ; elle lui a permis de l'étudier à loisir et voici les conséquences qui en découlent et font connaître la genèse de la vie organique.

Le grain chlorophyllien, appelé encore par les botanistes *le petit grain vert*, est un agent chimique dont la souplesse est non moins prodigieuse que sa

---

(*) Les deux Fascicules sortent de l'Imprimerie Roche, avenue de la Gare, 27, à Brive (Corrèze), où l'on peut se les procurer.

profusion d'une part, de l'autre, l'on sait depuis longtemps qu'il est doué de la vie puisqu'il respire et se multiplie. Il est par suite *le seul être* dans la nature qui réunisse ces deux forces bien distinctes (2ᵉ fascicule, page 1).

LA VIE ET L'AFFINITÉ

La première semble bien caractériser les plantes et les animaux, la seconde nous fait songer plus particulièrement aux minéraux.

D'après cela, le grain chlorophyllien serait-il l'intermédiaire obligé entre le règne minéral et les deux autres ?

Cette pensée s'impose à l'esprit, puisque les éléments qui constituent la plante, l'animal, l'homme lui-même, malgré leur diversité, sont empruntés définitivement au règne minéral.

Elle nous oblige à étudier plus attentivement cet être exceptionnel, parce que nous pouvons déjà entrevoir l'importance de son rôle dans la vie organique.

Nous avons été ainsi conduit, dès la première page du second fascicule, à suivre pas à pas le grain chlorophyllien dans la plante. Nous l'avons vu abandonner la feuille qui est bien son domicile d'élection, pour aller autour des bourgeons des jeunes branches se loger entre l'aubier et l'écorce brune, y former une gaîne plus ou moins épaisse.

L'observation de ce fait nous indique un rapprochement qui a bien son importance ; elle nous montre le grain chlorophyllien demeurant encore en hiver, dans la plante, alors que la feuille a disparu. Comme tant d'animaux, insectes, oiseaux ou mammifères, il hiberne, il sommeille pendant des mois entiers. Comme eux, il se réveillera au printemps, il renaîtra à la vie pour reprendre son œuvre interrompue, fournir aux bourgeons la cellulose qui est indispensable à leur développement.

Comment en douter alors qu'en 1860, époque à laquelle l'existence de l'acide chlorophyllique, ou grain vert, n'était même pas soupçonnée, les Annales de Physique et de Chimie ont longuement reproduit les travaux si importants de M. Isidore Pierre, doyen de la Faculté des Sciences de Caen. C'est dans ce recueil que sont imprimées les laborieuses observations de ce savant sur les migrations effectuées en mai, juin, juillet, dans les végétaux, par les principes immédiats : acides, cellulose, amidon, fécule, gommes, sucres, etc., qui, tous, ainsi qu'il le constate, ont pour point de départ la feuille, et pour point d'arrivée les différents organes où nous les trouvons emmagasinés. De cette observation, rapprochons la suivante.

Vers la même époque, ou un peu auparavant, Messieurs les Chimistes de l'Académie, tels que Th. de Saussure, Payen et Péligot, nous montraient dans ces principes immédiats, ou plus exactement dans la plupart de ces principes, des corps isomères, tous constitués par de l'eau combinée avec du carbone et dans des proportions identiques, et cela, en dépit de leurs propriétés physiques ou organoleptiques si différentes. Or, si pour des raisons établies (2ᵉ fascicule, pages 7, 8) parce que nous ne saurons jamais en quoi consiste la matière radiante contenue dans un rayon de soleil par exemple, nous ne serons jamais qu'incomplètement fixés, très probablement, sur la constitution chimique de l'acide chlorophyllique; nous savons du moins que l'on doit voir en lui également un principe immédiat dans lequel l'eau et le carbone sont étroitement combinés ensemble.

D'après cela, la Physiologie, représentée par M. Isidore Pierre, et la Chimie, dans la personne de MM. de Saussure, Payen et Péligot, s'accordent bien, sans entente préalable, pour nous faire connaître que c'est bien le grain vert qui, dans la feuille où il réside, *prépare les principes immédiats qui constituent la plante et la graine qui la reproduira elle-même l'année suivante,* sans oublier tous les produits emmagasinés *pour nos différents besoins et pour ceux des animaux.*

Il en est bien ainsi, car voyez ce qui se passe quand une plante, *semblable en cela à un être humain,* est atteinte d'anémie ou chlorose, ses feuilles sont décolorées, leur teinte prouve bien que le grain chlorophyllien n'a pu se former. Tant que cet état ne sera pas modifié, la plante ne portera ni fleur, ni fruit, ni graine et, s'il persiste, elle est condamnée irrévocablement à disparaître.

Que conclure de cet accord de la science qui observe et de la pratique qui confirme si rigoureusement ses observations, sinon que le grain chlorophyllien édifie et a édifié de tout temps, le végétal qui ne saurait ni se rajeunir, ni se perpétuer sans lui.

Ce point étant bien acquis, nous voyons que l'importance du grain chlorophyllien est déjà bien grande dans la nature ; mais, cette importance avons-nous fait remarquer, grandit encore quand on songe à ce que deviendrait l'homme et le Règne animal tout entier si le grain vert venait à disparaître.

Cette réflexion nous a engagé à l'examiner de plus près encore ; nous avons remarqué ainsi que sa taille, par exemple, ne dépasse guère celle du point géométrique, que ses dimensions tendent vers zéro. C'est bien ce qui apparaît quand nous précipitons, des chlorophyllates alcalins, l'acide chlorophyllique. Il nous faut donc voir en lui un infiniment petit, un être vivant cependant, auquel les lois de Lamarck (2ᵉ fascicule, page 11) sont inapplicables, puisque tandis que les plantes et les animaux se modifient, s'accroissent autour de lui, cet atôme vivant reste immuable en traversant les âges. Tout est donc étrange chez le grain chlorophyllien ; la façon dont il fait son apparition dans la vie l'est encore davantage.

Chacun sait que le limbe de la feuille a la transparence du cristal, qu'il laisse en conséquence passer librement les rayons du soleil, de même que ses stomates permettent à l'acide carbonique et à la vapeur d'eau de l'atmosphère d'y pénétrer non moins facilement.

C'est dans ce milieu que le grain chlorophyllien prend naissance si rapidement qu'il a bientôt fait de l'envahir entièrement à la seule condition que nous n'empêchions pas la lumière d'arriver jusqu'à la plante.

Cette action de la lumière est bien mystérieuse, mais nul ne saurait la contester. Il ne serait pas moins puéril d'attribuer à la feuille dans la naissance du grain chlorophyllien une plus grande importance que celle qui résulte de la transparence de son limbe, de la présence de ses stomates, puisque l'abri de la feuille ne lui est nullement indispensable.

En effet, nous le voyons surgir de tous côtés, dans les tiges herbacées, dans les stipules, dans les sépales du calice, à la surface des fruits en voie de formation, et jusque sur les cotylédons de la plantule, quarante-huit heures environ après sa sortie du sol.

Une seule chose paraît indispensable, d'après ce qui précède, pour voir apparaître le grain chlorophyllien. C'est bien l'intervention du rayon de soleil, dans un milieu apte à attirer et à retenir l'eau et l'acide carbonique.

Nous sommes ainsi conduits par l'association des idées et par de confus souvenirs, à rechercher si la génération spontanée (*) du grain chlorophyllien ne se produit pas au milieu d'une flaque d'eau qui croupit, tandis que des

---

(*) La génération est dite spontanée quand elle a lieu sans ascendant comparable à l'être qui vient de naître.

rayons solaires et l'acide carbonique de l'atmosphère y pénètrent en toute liberté.

Maintes fois, nous y avons vu flotter au gré du vent et en nombre infini de très petits corpuscules verts, des *feuillades* (*), et au milieu de l'eau s'élever des plantes qui forcent l'attention par la simplicité de leur structure et leur extrême délicatesse (2ᵉ fascicule, page 10).

Aussi ces feuillades et ces plantes, toutes sporogames, occupent-elles une place bien marquée dans notre modeste herbier, elles nous offrent un sujet d'étude d'un intérêt incomparable.

En effet, si l'on se reporte à la page 8 de notre 2ᵉ fascicule et aux suivantes, on peut, pour ainsi dire, assister au spectacle, sans cesse renouvelé, de ce qui s'est passé pour la première fois sur notre planète, alors que, par suite du refroidissement, les eaux toutes maintenues dans l'atmosphère, jusque-là à l'état de vapeur, ont commencé à se liquéfier.

Le premier effet de cette liquéfaction a été de former de tous côtés des eaux croupissantes au sein desquelles le grain vert est né spontanément comme aujourd'hui au milieu de sa feuillade. Il s'est empressé de donner la vie comme nous l'avons vu, à des plantes sporogames indéfiniment diversifiées.

Voilà la vie organique qui commence grâce à la liquéfaction de l'eau, grâce à la naissance spontanée du grain chlorophyllien. Mais ces plantes sporogames nées si débiles et leurs descendants seraient restés débiles encore aujourd'hui, comme au premier jour, si le grain chlorophyllien n'avait possédé, en partage, que la vie.

Par suite de l'affinité, la deuxième force qui lui a été dévolue, il en est tout autrement. Il s'est installé spontanément dans la tige et les ramuscules à peine visibles de la jeune plante puis, sans tarder, il a mis pour eux à profit son affinité pour les éléments minéraux qui l'entourent. La plante a été consolidée (2ᵉ fascicule, page 12), pourvue, par lui, d'organes dont le besoin s'est fait sentir, suivant l'expression de Lamarck. Ces changements, ces nouveaux organes seront transmis à ses descendants directs.

Voilà donc la vie organique lancée dans le monde, entretenue et sans cesse modifiée, désormais elle ne saurait s'arrêter d'elle-même, elle va au contraire surgir en se multipliant.

Aussi depuis le premier jour où le grain chlorophyllien est né spontanément,

---

(*) Sorte de sac fermé, de forme ovoïde, à surface lisse, sans trace de nervures, contenant le petit grain vert.

pendant une longue suite de siècles qui nous en sépare, les plantes n'ont-elles pas cessé de naître ou de poursuivre leur évolution. Celle-ci continue sous nos yeux avec une extrême lenteur mais avec une tendance marquée vers un perfectionnement incessant.

C'est ainsi qu'aux sporogames acotylédonées ont succédé les phanérogames monocotylédonées, puis à ces dernières, les dicotylédonées, tandis qu'à côté des plantes herbacées ont pris place les plantes ligneuses, les arbres, sans en excepter les géants de la Création, avec leur feuillage, leurs fleurs, leurs fruits et leurs graines ; le tout varié à l'infini.

Le rôle du grain chlorophyllien est donc différent suivant que sa génération toujours spontanée se produit dans la feuillade, ou dans un organe quelconque de la plante. Dussions-nous nous répéter, insistons.

Dans le premier cas, il donne naissance à une jeune plante, sporogame, apte à se reproduire désormais par des spores, mais la plante est tellement débile que sans l'eau qui la soutient de tous côtés, elle s'affaisserait lamentablement sur elle-même.

Dans le deuxième cas, le grain, né spontanément dans la plante si débile, puise autour de lui, grâce à son affinité, les matériaux qui vont à chaque nouvelle génération la consolider, l'accroître, lui donner les organes dont le besoin se fait sentir, de telle sorte qu'après une longue suite d'années ou de siècles, la plante initiale rendue absolument méconnaissable sera, suivant les circonstances, le chêne ou le roseau peut-être. Tout cela n'est-il pas simple et merveilleux tout à la fois !

Telle est l'œuvre immense accomplie par le grain chlorophyllien ; on ne saurait le mettre en doute d'après ce qui précède, car nous n'avons fait que signaler quelques faits nouveaux reproduits longuement en novembre et décembre 1897 devant la commission nommée à cet effet par l'Académie des Sciences, puis contrôlés par elle, et certifiés enfin par les comptes rendus du 31 janvier 1898.

Nous n'avons fait en outre que de rapprocher des nouvelles propriétés ainsi reconnues au grain chlorophyllien par l'Académie des Sciences elle-même, les nombreuses observations faites par M. Isidore Pierre, et il y a de cinquante à soixante ans par Messieurs de Saussure, Payen et Péligot ; nous avons également rapproché des mêmes propriétés les innombrables observations faites en botanique pendant les XVIIIᵉ et XIXᵉ siècles par des hommes éminents tels que Geoffroy de Saint-Hilaire, Lamarck, de Candolle, de Jussieu, de Linnée, de Lanessan, Baillon, etc., etc. C'est dire que pour éviter toute erreur, nous avons, dans cette question de si haute importance, suivi la règle tracée par notre immortel Lavoisier dans le discours prononcé par lui devant l'Académie des Sciences le 18 avril 1787 et qui nous a servi d'épigraphe : «.... supprimer le raisonnement qui est de nous... », etc., etc.

C'est bien là ce que nous avons fait pour la recherche du rôle dévolu au grain chlorophyllien dans la vie des végétaux.

Il est donc bien établi que le grain chlorophyllien est l'antécédent, le point de départ du règne végétal, mais peut-on en dire autant pour le règne animal ?

Remarquons que d'après certains rapprochements, on a pu déjà pressentir l'affirmative puisque nous avons vu le grain chlorophyllien hiberner pendant l'hiver comme certains animaux puis se réveiller au printemps pour reprendre ses travaux interrompus. Nous l'avons vu également affecté de maladies qu'il partage avec notre espèce.

Le botaniste complèterait aisément ces rapprochements en nous prouvant que le sommeil, la sensibilité tactile, le mouvement, dans une certaine mesure, ne sont pas des privilèges exclusivement réservés aux individus appartenant au règne animal.

On peut aisément voir dans tout cela des tentatives ayant pour but de préparer le passage du règne végétal au règne animal.

Un simple raisonnement basé sur les faits observés jusqu'ici, va peut-être nous démontrer que le grain chlorophyllien n'a pu se borner à édifier le règne végétal.

Depuis l'apparition des premières plantes dicotylédonées et longtemps avant probablement, la génération spontanée du grain chlorophyllien avait eu pour effet de le multiplier à l'infini et, par conséquent, de répandre à l'infini les germes de vie qu'il renferme ; cette surabondance de germes vitaux apparaît dans les tentatives faites par la plante elle-même pour pénétrer, peu à peu, dans le règne animal ainsi que le montrent clairement les faits observés par tous les naturalistes et que nous venons d'indiquer.

D'ailleurs, à moins de nier l'évidence, il faut reconnaître que le règne végétal a été précédé par le règne minéral et que le règne animal à son tour a été précédé par le règne végétal.

De cette absolue nécessité, il ressort une autre conséquence qui n'est pas moins évidente : le règne végétal, et c'est le moins que l'on puisse dire, devait s'organiser d'après ses propres besoins, et en outre d'une façon non moins impérieuse, en raison des besoins à intervenir par la prochaine apparition du règne animal qui se faisait sentir.

Or le règne animal a fait son apparition, il existe ; le règne végétal a satisfait et il satisfait encore aux innombrables besoins intervenus de part et d'autre, donc le règne végétal a été organisé à la fois en prévision de ses besoins et de ceux de tous les animaux, ce qui indique bien que le règne végétal et le règne animal ont reçu à la fois un même germe de vie et que ce germe de vie leur a été transmis par le grain chlorophyllien.

D'ailleurs et sans insister davantage sur un point scientifique que le Transformisme, seul, suffit à établir s'il était nécessaire, le grain chlorophyllien apporté, pour la première fois par un rayon de soleil, dans sa feuillade (*) semble bien avoir pris lui-même la peine de certifier à ses innombrables descendants leur communauté d'origine, le point de départ qui les unit tous puisqu'il a imposé à chacun d'eux une même estampille, en donnant comme berceau, le spore ou la graine à la plante, puis l'œuf au poisson, au mollusque, au crustacé, au reptile, à l'oiseau enfin, et jusqu'à l'insecte.

Quant au mammifère, le dernier apparu de l'immense série, une simple enveloppe lui a été réservée, peut-être parce que mieux que la graine à la plante, mieux que l'œuf à l'insecte, elle lui rappelle par sa forme et d'une façon plus précise, la feuillade ancestrale si modeste et si lointaine.

D'après tout ce qui précède, on n'en saurait douter ; l'œuvre accompli par le grain chlorophyllien, cet infiniment petit, dépasse en grandeur tout ce que notre imagination pourrait rêver de plus audacieux et, en se plaçant au seul point de vue scientifique, on peut conclure ainsi qu'il suit :

Les faits nouveaux et les observations qui établissent que le grain chlorophyllien est bien l'antécédent, le point de départ de la vie organique, nous le désignent, en même temps, comme l'intermédiaire nécessaire entre le règne minéral et les deux autres, intermédiaire agissant sans cesse, dans un perpétuel recommencement.

Malgré cela cependant, nous croyons pouvoir le comparer, en toute vérité, en toute simplicité, au petit ressort d'acier dissimulé dans son boîtier d'où, d'une façon inconsciente, il entraîne les différents rouages de la montre et finalement, les aiguilles, (*) sur son cadran.

L'œuvre que le grain chlorophyllien a accompli jusqu'à ce jour et qu'il ne

---

(*) La feuillade née de la veille, et examinée à l'aide du microscope, nous apparaît semblable à une enveloppe de forme ovoïde, à un cocon de soie qui aurait été débarrassé de son précieux produit.

(*) L'instinct et la volonté chez l'animal ; l'intelligence, la raison et la conscience chez l'homme.

cesse de poursuivre est immense ; elle dépasse la raison humaine qui la constate nettement cependant ; d'autre part, la science arrêtée par un rayon de soleil, ne pourra sans doute jamais nous faire connaître tous les éléments qui constituent cet être exceptionnel, à plus forte raison elle ne pourra jamais remonter jusqu'à son origine, dont il semble bien être séparé par une distance incommensurable, oui incommensurable, tout comme le temps infini, tout comme l'étendue sans limite, que notre raison conçoit nettement sans pouvoir néanmoins se les expliquer.

A. GUILLEMARE

Inspecteur d'Académie honoraire
Ancien Vice-Recteur de la Réunion.

Saint-Cernin-de-Larche (Corrèze), 25 août 1904.

Brive, imprimerie Roche, 27, avenue de la Gare.

MON DERNIER MOT

CHLOROPHYLLE OU MATIÈRE VERTE

DES PLANTES EN GÉNÉRAL

La Vie organique est un perpétuel recommencement d'où, précédemment p. 9, nous avons constaté que la Nature avait organisé les êtres qui appartiennent au Règne végétal, non seulement en prévision de leurs propres besoins, mais encore en prévision des besoins pouvant intervenir chez les animaux dont la venue se faisait sentir.

Le Règne végétal avait donc à prévoir, à préparer, malgré l'immense complication que nous pouvons entrevoir, la table du festin où, sans exception, depuis l'insecte à peine visible jusqu'au monstrueux pachyderme, en passant par le mollusque, le reptile et l'oiseau, tous les convives devaient, malgré leur infinie diversité d'organisation, trouver une nourriture appropriée à leur développement. Notez en outre que la Nature avait à tenir compte du milieu variable dans lequel devait se poursuivre leur évolution.

La multitude des conditions à remplir et la complexité d'un tel problème dépassent la raison humaine sans aucun doute et cependant, pour constater que le Règne végétal a résolu ce problème dans tous ses détails, nous n'avons pas eu besoin de rechercher à quelle Source de vie elle a puisé, ce qu'à défaut d'un terme plus précis nous proposons d'appeler la Force impulsive qui lui est nécessaire pour accomplir un pareil prodige, il nous suffit d'ouvrir les yeux, de constater et de témoigner que, tous les jours, le Règne animal vient trouver auprès du précédent les aliments qui sont indispensables à son existence.

La Science qui, sous peine de sortir de son domaine, doit se borner à enregistrer les faits qu'elle observe, à signaler les lois et les applications qui peuvent en résulter, conclut de ce que l'on vient de voir que le Règne animal est la continuation du Règne végétal.

D'autre part, dans ce qui précède, l'observation nous a montré de nombreux faits dans lesquels l'on peut voir autant de tentatives des végétaux à passer dans le Règne animal ; ces observations semblent bien nous permettre d'envisager ce passage comme une chose possible ou du moins vraisemblable.

Une observation plus rigoureuse va nous permettre de constater ce passage comme une réalité effectuée sous nos yeux. Voici comment :

Partons de ce point bien constaté. Le grain chlorophyllien est bien l'antécédent, le point de départ du Règne végétal. Non seulement il possède la vie et la communique aux végétaux, mais il est l'intermédiaire nécessaire entre le Règne minéral et les deux autres, il est enfin un être unique et exceptionnel dans la Nature.

Si tel est bien le rôle du grain chlorophyllien, si après avoir transmis la vie dans sa feuillade, il a reçu la mission de présider sans cesse à leur évolution, le passage du Règne végétal dans le Règne animal doit s'effectuer également sans interruption. Il a sans cesse lieu.

D'autre part, nous avons vu avec quelle rapidité le transformisme a modifié dans le Règne végétal les Lemnacées au point de les rendre bientôt méconnaissables ; le transformisme agit vraisemblablement de la même façon sur les animaux.

Il est donc logique si l'on veut saisir quelques exemples, quelques traces de ce passage, de les rechercher chez les êtres qui se placent par conséquent, par la simplicité de leur organisme, sur les plus bas degrés de l'échelle animale.

Voilà qui nous oblige à nous reporter au cinquième et dernier embranchement de la classification zoologique adoptée par tout le monde.

Cet embranchement comprend trois classes : les Infusoires, les Spongiaires, les Foraminifères.

Les Infusoires (le nom seul l'indique), sont des animaux microscopiques que nous pouvons obtenir à coup sûr, par un procédé très simple mais toujours le même, en laissant macérer, infuser dans l'eau et en présence de l'air des matières organiques et tout particulièrement des matières végétales. Les

Infusoires, remarquables par leur turbulence, leur forme et leur taille qui varient extrêmement, ne manquent jamais d'apparaître, et souvent en nombre infini, dans les infusions de n'importe quelles plantes.

Ici, le passage dont il s'agit est tellement évident, que l'on n'en saurait douter, ni insister. Il en est à peu près de même pour ce qui concerne les Spongiaires, dont j'emprunte la description à M. Paul Gervais, professeur d'histoire naturelle à la Faculté des Sciences de Paris ; je la copie textuellement :

La multiplication des Spongiaires se fait de deux manières, d'abord par des germes ciliés et mobiles qui ressemblent assez bien à des Infusoires, et ensuite par des espèces de sporanges comparables aux germes des végétaux cryptogamiques.

Dans ces deux classes, le passage du Règne végétal dans le Règne animal s'affirme avec la plus grande évidence, sans que nous puissions pour cela nous rendre compte comment s'effectue ce passage ; mais cela suffit pour que nous puissions affirmer qu'il n'est pas seulement possible mais qu'il est réalisable ; c'est tout ce que l'on peut demander à la Science.

D'après cela on peut admettre qu'il en est de même, sans que cela répugne à la raison, pour les Foraminifères, plus difficiles à observer parce qu'ils prennent naissance dans les eaux salées où abondent parfois des végétaux comme aux Açores dans l'Atlantique, où ils recouvrent dans la mer des Sargasses de prodigieux espaces.

L'on peut assigner la même cause à la présence des Noctiluques qui souvent, dans l'espace de vingt-quatre heures, apparaissent en si grand nombre qu'ils rendent les Océans phosphorescents sur d'immenses étendues.

Donc, le grain chlorophyllien est bien l'antécédent, le point de départ non seulement des végétaux, mais encore de tous les animaux, puisque c'est la Nature elle-même qui vient de nous le prouver, en nous montrant que ce passage n'est pas seulement possible, mais encore qu'il est réalisé : le cinquième et dernier embranchement nous en donnent la preuve.

Du même coup, la Nature confirme le rôle que remplit, avons-nous dit, le grain chlorophyllien et nous avons le droit d'en tirer cette conclusion :

« Tout comme les végétaux et les animaux qu'il domine de si haut par sa « raison et sa conscience, l'homme a simplement pour antécédent, pour point « de départ de sa vie organique, l'atôme vivant, le grain chlorophyllien ».

Nous sommes bien arrivé à cette conclusion, qui est une grande vérité bien indiscutable et si étrange qu'elle paraisse au premier abord. Pour l'obtenir nous n'avons pas eu besoin d'avoir recours à une hypothèse, nous l'avons cherchée simplement dans l'enchaînement des expériences et des observations. Nous n'avons eu qu'à rapprocher de l'analyse immédiate que nous avions obtenue les observations faites en si grand nombre par des savants, qui appartiennent ou ont appartenu, pour la plupart, à notre Académie des Sciences.

Remarquons que l'analyse du grain chlorophyllien ayant été arrêté par un rayon de soleil, il n'a pas été possible d'aller plus loin, à plus forte raison de remonter à son Origine. Il en est de même, par conséquent, pour les plantes, les animaux et l'homme lui-même ; nous n'en avons pas moins fait un pas en avant vers cette Origine. Nous avons donc, en résolvant l'analyse immédiate du grain chlorophyllien, fixé un point scientifique qui se rattache à la Genèse de l'homme, ce qui ne saurait manquer de l'intéresser, par conséquent.

Il est permis d'espérer en outre, que l'on pourra tirer d'utiles applications de la matière verte des végétaux, aujourd'hui que les propriétés physiques et chimiques d'un corps si répandu dans la Nature, où il remplit un rôle d'aussi haute importance, ne peuvent plus différer de faire partie de l'enseignement public.

Les Maîtres qui seront chargés de cet enseignement feront sagement, avant de commencer, de se bien pénétrer des grandes vérités auxquelles on est conduit par l'étude du grain chlorophyllien, non moins que de l'importance exceptionnelle des leçons de choses dont la Nature s'est chargée de leur en indiquer le sens, puisqu'elle leur montre, par l'exemple des plantes et des animaux, qu'ils ont le devoir de transmettre à leurs descendants, au moins fidèlement sinon accrus, tous les biens ou avantages qu'ils ont reçu à leur naissance.

C'est ainsi qu'ils devront s'efforcer de conserver la santé dont le prix est inestimable et, dans ce but, faire preuve d'une constante sobriété. Sans aller jusqu'à ne faire usage que de l'eau pure, dont se contentent non seulement les plantes mais encore les animaux, l'homme ne doit user qu'avec une grande modération des liqueurs fermentées, ne jamais prendre de vin avec excès et s'interdire rigoureusement l'emploi des alcools qui troublent la raison, engendrent la folie, préparent la tuberculose et sans doute, chose plus regrettable encore, imposent à de pauvres êtres une dégénérescence aussi effroyable qu'imméritée.

Nous devrons également user avec modération de la chair musculaire des animaux, nos serviteurs sans doute, mais en outre nos frères inférieurs, sans contestation possible. D'ailleurs, rien dans notre dentition, rien dans la disposition des intestins n'indique que nous soyons carnivores exclusivement.

Tout notre appareil digestif nous rapproche des frugivores et nous invite à demander aux principes immédiats que le grain chlorophyllien prépare dans les feuilles des plantes le plus clair de notre alimentation. Nous nous rapprocherons ainsi de notre point de départ, du germe de vie contenu dans le grain chlorophyllien, puisque le sucre, les substances amylacées font partie des fruits charnus si savoureux, des graines, ces autres fruits secs, tels sont les haricots, les lentilles, les petits pois dans lesquels nous pouvons voir et admirer la jeune plante dormant de son sommeil mystérieux jusqu'au jour de la germination, jour à partir duquel ces mêmes subtances serviront à son alimentation.

Si, pour conserver à notre nature physique les biens acquis jusque-là par elle, nous avons le devoir de prendre tant de précautions, à plus forte raison devrons-nous transmettre, par l'exemple et par voie d'hérédité, les qualités morales et intellectuelles reçues et que nous devrons nous efforcer d'accroitre. Pour y arriver, il est un moyen qui ne saurait nous tromper. Efforçons-nous de concevoir une horreur profonde pour tout ce qui est bas et vil, une admiration sans borne, un amour allant jusqu'à la passion pour tout ce que notre jugement et notre conscience nous désigneront clairement et sans hésitation comme étant beau, comme étant juste et non moins élevé.

Ainsi que le grain chlorophyllien, nous sommes nous-mêmes arrêtés par un rayon de soleil ; mais, dans l'espoir de nous rapprocher de notre Origine, inclinons-nous constamment et avec le plus profond respect devant tout ce qui est véritablement et surtout devant tout ce qui est INFINIMENT GRAND, sans concevoir, cependant, l'irréalisable espérance de pouvoir tout nous expliquer.

Inclinons-nous, par exemple, devant la Force impulsive, qui permet au Règne végétal d'accomplir, sous nos yeux, et avec le concours du grain chlorophyllien, d'une façon inconsciente, des résultats qui dépassent en merveilleux tout ce que notre imagination pourrait concevoir de plus audacieux. Il en est ainsi pour la sensibilité, pour la volonté et surtout pour l'instinct qui la remplace chez les animaux ; il en est de même, enfin, pour les facultés qui ont été données à l'homme qui doit se soumettre aux mêmes lois. En effet, ce dernier peut enfreindre, il est vrai, les lois imposées aux plantes et aux animaux, mais il ne peut jamais le faire impunément ; tels sont les grands enseignements que nous démontre clairement la partie de la Genèse que la Science a pu nous dévoiler. Renseignements que le soussigné, après avoir consulté sa raison et sa conscience, estime ne pouvoir, sans un manque de sincérité, formuler d'une façon moins précise.

A. GUILLEMARE,

Inspecteur d'Académie honoraire,

Ancien Vice-Recteur de la Réunion.

Saint-Cernin-de-Larche, 6 Avril 1906.

Brive, imprimerie Roche, 27, avenue de la Gare.

Congrès International de Chimie Appliquée

PARIS 23-28 JUILLET 1900

NOTE *relative à quelques circonstances remarquables et dans lesquelles la Chlorophylle semble devoir être plus exactement désignée par le nom d'Acide Chlorophyllique. Chlorophyllates-Phyllocyanates et Phylloxanthine. Par* A. GUILLEMARE, *Inspecteur honoraire de l'Académie de Bordeaux.*

Messieurs les Présidents,

Messieurs,

On sait, et cela depuis longtemps, que les feuillages des plantes herbacées se dissolvent entièrement à chaud dans les lessives de Soude caustique, en donnant lieu à un liquide plus ou moins dense, plus ou moins alcalin, mais toujours magnifiquement coloré en vert.

Il arrive parfois que ce même liquide, sans cesser d'être vert par transparence, prend, par réflexion, une teinte pourpre remarquable.

En cherchant à pénétrer les circonstances assez complexes qui provoquent ce phénomène de *dicroïsme*, je suis arrivé à me convaincre que la Chlorophylle, si répandue dans les végétaux, n'est pas simplement à l'état de dissolution dans la liqueur verte dont je viens de parler, qu'elle y joue un rôle chimique de premier ordre, celui d'un acide, végétal il est vrai, mais enfin celui d'un acide nettement combiné avec la Soude et par suite, pour mieux préciser ma pensée, que la dite liqueur devrait être considérée comme une dissolution plus ou moins impure de Chlorophyllate de Soude. Les nombreuses réactions chimiques que je vais avoir l'honneur de décrire ou de reproduire devant vous, Messieurs, vont, je l'espère, pleinement justifier ma proposition.

Et tout d'abord après avoir, au préalable et à loisir, neutralisé autant que possible la Soude de cette liqueur au moyen de l'acide Chlorhydrique dilué, il me suffit de lui ajouter une très faible quantité du même acide pour que vous

(5)

puissiez voir apparaître dans toute sa masse un abondant précipité blanc-verdâtre sur lequel nous allons porter toute notre attention (1).

Après l'avoir jeté sur un filtre, l'avoir lavé et mis à égoutter, le précipité a pris cette belle et franche couleur verte qui décèle son origine ; il est entièrement insoluble dans l'eau, mais il se dissout dans l'alcool et l'éther qu'il colore en vert, absolument de la même façon que le feraient les feuilles des plantes elles-mêmes. J'examine la liqueur au spectroscope et je vois apparaître d'une façon très nette, dans la partie rouge du spectre, les deux raies noires d'absorption qui caractérisent la Chlorophylle. Les mêmes raies apparaissent d'une façon identique si, à la liqueur alcoolique dans laquelle est dissous le précipité, je substitue la liqueur alcaline et sodique qui m'a servi à l'obtenir.

Il me semble, avant d'aller plus loin, que l'on peut tirer des faits que nous venons d'observer, une conséquence que j'estime très importante et que voici : La Chlorophylle, au moment où elle a été dissoute à chaud dans la soude, n'a été ni altérée, ni même modifiée ; elle ne l'a pas été davantage au moment où elle a été précipitée par l'acide Chlorhydrique, puisqu'elle continue à nous donner au spectroscope les mêmes raies qui la caractérisent. Elle est simplement séparée de l'organe ligneux ou herbacé qui la recélait primitivement ; elle est enfin, sous une forme commode qui va nous permettre aisément de constater qu'elle peut à notre volonté se combiner avec toutes les bases salifiables que nous connaissons en Chimie, jouer, par rapport à elles, le rôle d'un acide quelconque.

Dans ce but, commençons par prendre de cette Chlorophylle précipitée ainsi que nous l'avons vu, jetons-la dans de l'eau non chaude, prise simplement à la température ordinaire et rendue aussi légèrement alcaline que possible à l'aide de la Soude caustique, nous l'y voyons se dissoudre instantanément et la colorer magnifiquement en vert. Si la Chlorophylle s'est combinée à l'instant avec la Soude elle devra, à plus forte raison, se comporter de même avec la Potasse caustique. Opérons dans les mêmes conditions de température en substituant la Potasse à la Soude, la Chlorophylle s'y dissout avec non moins de rapidité ; elle se combine à froid également avec la Potasse. Cette manière d'agir n'est-elle pas celle d'un acide ? Une troisième expérience va achever sans doute de nous en convaincre. Remplaçons la Soude et la Potasse par l'Alcali, aux affinités incontestablement plus faibles, par l'Ammoniaque ; opérons toujours dans les mêmes conditions, la Chlorophylle précipitée s'y dissout encore sans la moindre hésitation, en la

---

(1) Si le précipité, au lieu d'être blanc-verdâtre, était brun, l'opération serait à recommencer, en prenant cette fois toutes les précautions nécessaires pour ne pas altérer la matière organique. On y arrive aisément en jetant de la glace dans la liqueur puis en la saturant d'acide carbonique avant d'essayer de la précipiter.

colorant magnifiquement en vert. N'est-il pas évident que la Chlorophylle a bien toutes les allures d'un acide par la façon dont elle se comporte à froid avec la Potasse, la Soude et l'Ammoniaque diluées dans une grande quantité d'eau. Tout ce qui va suivre ne fera que confirmer ce que semblent indiquer ces premières constatations.

Si, en effet, les trois liqueurs alcalines que nous venons d'obtenir ne sont autre chose que des dissolutions de Chlorophyllates de Potasse de Soude et d'Ammonia-que, elles devront, dans toutes les circonstances où il nous plaira de les placer, se comporter ainsi que les lois de Berthollet le font prévoir ; c'est bien ce qui a lieu, ainsi que l'on peut s'en convaincre. En commençant par les acides minéraux, l'on voit que tous, s'ils sont assez dilués, déplacent l'acide Chlorophyllique sans l'altérer. La même chose a lieu pour les acides Oxalique, Citrique, Tartrique, etc., empruntés à la Chimie organique ; à chaque fois l'on peut, en dissolvant dans l'alcool l'acide précipité, contrôler son identité à l'aide du spertroscope ; à chaque fois l'on peut, si on le préfère, se servir de ce précipité pour reconstituer, à volonté, l'une des trois liqueurs alcalines. D'après cela, n'est-il pas évident que ces trois liqueurs ont toutes les allures de trois sels alcalins ayant pour acide commun la Chlorophylle, ou mieux l'acide Chlorophyllique ?

Poursuivons ; si nous avons bien affaire à trois Chlorophyllates alcalins, ils devront, d'après les lois de Berthollet complétées par M. Malagutti, nous donner, si nous les mettons en contact avec des dissolutions salines, autant de sels nouveaux qu'il existe de bases salifiables en Chimie minérale et en Chimie organique. Il est d'ailleurs aisé de prévoir qu'en procédant de cette manière, l'insolubilité de l'acide Chlorophyllique va devenir pour nous un puissant auxiliaire ; mais il faut nous attendre, en opérant de cette façon, à n'obtenir que des sels insolubles ou très peu solubles et partant très difficilement cristallisables.

C'est bien en effet ce qui a lieu, mais j'ajoute que pour les obtenir je crois bien avoir épuisé la liste des oxydes et alcaloïdes salifiables, c'est-à-dire que j'ai eu l'occasion souvent répétée de les observer et de reconnaître que leur insolubilité est générale, mais non pas *absolue.* Ils peuvent d'ailleurs être obtenus avec tout le degré de pureté désirable (1). Voilà qui rend bien secondaire, en ce qui les concerne, la question de cristallisation.

On peut donc les obtenir à l'état de pureté et par suite analysables par les

---

(1) La chose est facile à concevoir puisque, avec l'habitude que donne le traitement des matières orga-niques et d'après ce que nous avons vu plus haut, il est relativement facile, en partant du Chlorophyl-late impur de Soude, de précipiter l'acide Chlorophyllique, le redissoudre pour le reprécipiter de nouveau, cela autant de fois qu'il sera nécessaire, et, finalement, obtenir un Chlorophyllate alcalin chimiquement pur, je veux dire entièrement débarrassé des matières entractives contenues dans les feuillages employés.

procédés ordinaires. Cela ne veut pas dire que tous les Chlorophyllates aient été obtenus par nous à l'état de pureté, et encore moins cela ne veut pas dire que l'analyse de chacun d'eux ait été faite avec tout le soin désirable, que nous puissions enfin, dès à présent, pour contribuer à écrire l'histoire de la Chlorophylle, vous apporter sur chacun d'eux de bien précieux résultats.

L'on conçoit, sans qu'il soit utile d'insister, que si la préparation à l'état de pureté de tous les Chlorophyllates possibles est déjà une opération de longue haleine, l'analyse quantitative et la détermination de la formule définitive de tous ces composés, y compris l'acide Chlorophyllique que je place en première ligne, ne peuvent guère se concevoir que comme une œuvre collective qui ne peut être menée à bonne fin qu'avec la coopération et surtout le contrôle vingt fois répété des Chimistes que cette question pourra intéresser. Tout ce qu'il est permis de dire dès à présent, c'est que parmi les Chlorophyllates déjà nombreux qui ont été préparés à l'état de pureté, ceux ayant pour base les oxydes de Fer, Magnésium, Argent, Cadmium, Strontium, Zinc et Barium ont été analysés et pour chacun d'eux le résultat de l'analyse, en nous démontrant que ce sont là des composés bien définis, achève de nous convaincre, ce que semblent établir tant de présomptions accumulées, que la Chlorophylle joue bien le rôle d'un acide par rapport aux bases salifiables.

Mais ces Chlorophyllates sont-ils bien stables et par suite utilisables? Nous touchons ici à une question peut-être plus délicate qu'elle ne le paraît à première vue ; je vais essayer cependant d'y répondre avec précision, en ne m'appuyant que sur des faits que l'on pourra reproduire autant de fois que l'on voudra.

Commençons par les Chlorophyllates alcalins de Potasse de Soude et d'Ammoniaque : nous savons qu'ils sont admirablement verts, par transparence et par réflexion au moment où nous les préparons ; mais si nous les abandonnons à eux-mêmes, surtout à l'air libre, nous constatons, au bout d'un temps difficile à apprécier parce qu'il est très variable, que leur aspect change ; sans cesser d'être verts par transparence, ils deviennent rouge pourpre, parfois rouge chocolat par réflexion ; quant à la cause de ce changement, elle reste très obscure.

On peut soupçonner, sans le démontrer, que l'air joue ici un certain rôle ; la seule chose certaine, c'est que nous sommes ici en présence d'un phénomène de *dicroïsme*, que l'on peut provoquer à volonté sans avoir recours à l'intervention de l'air ; profitons-en. En provoquant ce phénomène, nous jetterons peut-être quelque lueur dans cette obscurité ; dans cet espoir, prenant deux flacons d'un litre de capacité plus ou moins, nous les remplissons l'un et l'autre aux trois quarts avec l'un quelconque des trois Chlorophyllates alcalins récemment préparés et qui sont également verts par réflexion et par transparence. Fermons l'un des deux flacons, il devra simplement nous servir de témoin. Versons dans le flacon n° 2 un décilitre environ d'alcool $C^4 H^6 O^2$ à 90° environ. Et voilà que nous sommes instantanément témoins du phénomène de *dicroïsme* dont j'ai parlé. Le liquide contenu dans le flacon n° 2 est devenu rouge pourpre par réflexion. La première fois que ce phénomène s'est présenté à ma vue, j'ai eu la pensée de faire ce que je reproduis en ce moment sous vos yeux, achever de remplir les deux flacons avec l'un quelconque des carbures d'hydrogène appartenant à la série $C^{2n} H^{2n+2}$ trouvés dans le Kérosène par MM. Pelouze et Cahours ; bien m'en a pris, puisque vous voyez que le pétrole du flacon n° 2 s'est subitement coloré en jaune d'or, tandis que celui du flacon n° 1 n'a pas changé.

L'aspect de ce magnifique colorant m'a de suite fait songer à la Phillonanthine, découverte par M. Frémy, en 1877 ; et puisqu'il nous a fait connaître, en même temps, qu'elle est soluble dans l'alcool et l'éther, brassons le pétrole doré avec de l'alcool, vous voyez qu'une partie de la Phyllonanthine est passée dans l'alcool, je l'en précipite avec de l'eau pure puisque c'est là une matière résinoïde, nous a-t-il également fait savoir, et je la redissous dans l'éther. Si ces transformations, dont je viens de vous rendre témoins, ne suffisent pas pour justifier de son identité, interrogez la liqueur jaune avec le spectroscope, elle vous montrera, dans le spectre du gaz d'éclairage, les deux bandes d'absorption, bandes noires de la Phyllonanthine. Elles recouvrent, l'une, la plus grande partie du rouge, l'autre, en totalité, le violet et l'indigo, et ne laisse subsister qu'un liséré bleu vif. Nous avons donc dédoublé le produit du flacon n° 2, nous avons donc dans le liquide qui surnage, la Phyllonanthine de M. Frémy ; mais alors la liqueur qui est au-dessous du Pétrole doit être du Phyllocyanate de Potasse, découvert et signalé en même temps par ce même savant, elle devrait être d'une belle teinte bleue ; et il n'en est pas ainsi, rassurons-nous bien vite, le liquide prendrait une belle teinte bleue indigo, si, prolongeant l'opération tout le temps nécessaire, ainsi que je l'ai fait, j'épuisais toute la Phylloxanthine qu'il contient encore en trop grande quantité. En janvier 1896, profitant de la gracieuse autorisation que M. le Directeur des Raffineries de pétrole a bien voulu m'accorder, j'ai pu disposer du matériel de l'usine de Colombe, près de Paris. J'en ai profité pour opérer, le 11, sur 200 litres environ de Chlorophyllate de Potasse et de Soude, que j'avais préparés la veille et les jours précédents. Le lipuide alcalin et d'un beau vert a été introduit dans une grande cuve, traité comme vous venez de le voir, puis brassé avec un grand excès de pétrole, brut, impur, 4,000 litres environ, et, cela au moyen d'un violent courant d'air que lançait dans cette masse une machine à compression. L'opération que je suivais, en prélevant de temps en temps une partie du mélange, a été suspendue au bout de deux heures d'agitation. Afin de donner aux deux liquides le temps de se séparer, ce n'est que le lendemain, 12 janvier, que le liquide, qui se trouvait au-dessous du pétrole brut, a été recueilli à l'aide d'un robinet situé à la partie inférieure de la cuve. M. le Chimiste de l'établissement a pu admirer avec moi sa belle couleur bleu indigo si pure et si vive, que je ne puis la comparer qu'à celle du spectre solaire. C'était bien là du Phyllocyanate de Potasse ou de Soude donnant avec le chlorure de Baryum du Phyllocyanate de Baryte. J'ai donc eu ce jour-là, 12 janvier 1896, la joie inespérée de voir se reproduire les belles recherches de M. Frémy, dans des circonstances et des proportions qui les rendent en quelque sorte industrielles.

J'ai pu constater ce jour-là que la Phylloxanthine, qui semble inaltérable dans le pétrole *pur* et le colore d'une façon aussi remarquable, est entièrement détruite par les corps étrangers que contient le pétrole *brut* avant d'avoir été débarrassé par l'acide sulfurique des corps étrangers qui feraient renoncer à son emploi tant son odeur est intolérable.

J'ignore si la Phyllonanthine que la lumière et la chaleur décomposent très rapidement l'une et l'autre, pourra, même en raison de son instabilité, être utilisée par la Photographie ; mais ce qui n'est pas douteux, c'est que les Phyllocyanates alcalins ne puissent servir, ainsi que je crois l'avoir établi pour les Chlorophyllates correspondants, à obtenir toute la série des Phyllocyanates terreux et alcalino-terreux ; mais alors, n'est-ce pas la porte ouverte à un champ de recherches analytiques et industrielles trop vaste pour ne pas être illimité (?)

Je retourne aux Chlorophyllates dont l'histoire ne saurait être longue désormais. Il ne faudrait pas compter sur leur stabilité indéfinie, s'il s'agissait exclusivement de ceux dans la composition desquels entrent la Potasse, la Soude et l'Ammoniaque. Cela résulte bien de ce qui précède ; aussi les voyons-nous se désorganiser avec le temps et tendre peu à peu à rentrer dans le règne minéral. Mais il en est tout autrement des Chlorophyllates terreux et alcalino-terreux dont la stabilité est indéfinie quand ils sont, circonstance facile à réaliser, simplement soustraits à l'influence de l'un des trois agents de destruction : l'eau, l'air et la lumière, qui ne les décomposent qu'en agissant sur eux *simultanément.*

J'en ai là quelques-uns dans des tubes à essai, ils sont préparés depuis huit et dix ans et cependant ils ne paraissent pas avoir subi la plus légère altération. Exemple autrement convaincant : il y a 50 ans que MM. Hartmann et Cordillat, de Mulhouse, M. Gunion, de Lyon, sont parvenus, chacun de leur côté, à teindre la laine, la soie et même le coton en vert, au moyen de la Chlorophylle solubilisée dans la Soude ; avant de les plonger dans cette préparation ils les avaient imprégnés fortement d'une dissolution d'alun. N'est-il pas évident que déjà, sans y penser, ils ont mis à profit la grande stabilité du Chlorophyllate d'Alumine, puisque la belle couleur de ces tissus n'a pas été altérée depuis. On peut s'en convaincre en jetant un coup d'œil sur les échantillons préparés par ces Messieurs, que contiennent les différentes éditions de la Chimie industrielle de M. Girardin, et cependant la 6ᵉ et dernière édition de ce bel ouvrage remonte à 1880 !

Egalement depuis 50 ans, Messieurs, les fabricants de conserves alimentaires utilisent, sans peut-être y avoir pensé, la stabilité du Chlorophyllate de cuivre que voici isolé et qui se produit vraisemblablement d'après tout ce qui précède pendant l'opération du blanchissage.

Ce qu'il y a d'absolument certain, c'est que les produits que voici ont été volontairement traités par un procédé tombé depuis longtemps dans le domaine public, ce qui me permet d'en parler et donnant le moyen d'utiliser tout autre Chlorophyllate, celui d'alumine par exemple, pour leur donner une apparence de fraicheur que l'on ne peut s'empêcher d'admirer, et cependant leur préparation remonte aux premiers jours de septembre 1875, rigoureusement dans quelques semaines, à un quart de siècle.

Dans cet exemple, qui démontre la parfaite stabilité des Chlorophyllates, nous les voyons exposés à l'action désorganisatrice pour eux de l'eau et de la lumière ; mais l'air ne saurait les atteindre en même temps et c'est bien là le secret de leur conservation. Elle est telle que l'industrie trouvera bien le moyen de les utiliser de mille manières.

Il n'en est pas moins vraisemblable, pour une raison bien différente, que la Médecine ne tardera guère à s'en emparer ; il ne peut en effet venir à l'idée de personne de suspecter la parfaite innocuité de la Chlorophylle et puisque l'acide Chlorophyllique et elle ne font qu'un, n'est-il pas tout naturel d'essayer de le substituer aux acides sulfurique, azotique, chlorhydrique et autres au moins suspects à bon droit, et qui cependant entrent à la faveur de bases les plus variées dans des produits destinés à l'usage interne. Il serait peu prudent de rejeter les Chlorophyllates en invoquant leur insolubilité ; elle est rarement absolue d'une part, de l'autre il y a bien des années (les comptes rendus de l'Académie des Sciences en témoigneraient s'il était besoin), que j'ai constaté que le phosphate de soude cristallisé, solide par conséquent, mis simplement en contact avec certains d'entre eux, pourvu qu'ils aient conservé leur eau d'hydratation, les fait passer de l'état solide à l'état liquide. Le phosphate de soude n'est peut-être pas le seul corps à opposer à leur insolubilité, en la supposant absolue ; puis, j'ai de bonnes raisons de croire que les acides gastrique et chlorhydrique qui se trouvent normalement dans notre estomac suffisent à assurer leur assimilation. En opérant, il y a quelques années, sur des centaines de kilos d'épinards (végétaux dont un usage immodéré est recommandé, m'assure-t-on, aux personnes atteintes de chlorose ou d'anémie), j'ai eu l'occasion de voir se déposer, et, par suite, il m'a été facile de recueillir sur les parois émaillées des récipients dont je me servais, du Chlorophyllate de fer au maximum de tout point semblable à celui que renferme ce tube et qui a été préparé par voie de précipitation en mélangeant ensemble deux dissolutions, l'une de Chlorophyllate de soude, l'autre d'un sel de fer au maximum. N'y a-t-il pas dans ces derniers faits, au moins comme conséquence, un essai qui s'impose à l'attention de Messieurs les praticiens? J'en pourrais dire autant du Chlorophyllate de Strontiane contenu dans cet autre tube et de bien d'autres, mais je n'ose insister davantage.

Puissé-je, Messieurs, avoir été assez heureux pour faire passer dans vos esprits la conviction que les Chlorophyllates et avec eux les Phyllocyanates dont l'existence ne seraient sans doute pas même soupçonnée sans les travaux et les découvertes de l'éminent et regretté Professeur de Chimie de notre Muséum, sont appelés à fournir à la Science et à l'Industrie d'intéressants sujets d'études et d'applications.

Il est logique de penser qu'en poursuivant ce double but, l'homme arrivera à mieux connaître la constitution et le mode d'action de la Chlorophylle, si répandue dans les feuilles des plantes, où elle prépare, par des voies mystérieuses, les produits variés à l'infini qui s'emmagasinent ensuite dans les différents organes des végétaux.

A. GUILLEMARE,

INSPECTEUR HONORAIRE DE L'ACADÉMIE DE BORDEAUX,
ANCIEN VICE-RECTEUR DE LA RÉUNION.

Saint-Cernin de Larche (Corrèze), le 30 juin 1900.

A Paris, 36, rue Saint-Anne.

N.-B. — *En 1877, M. Frémy, plus récemment en 1897, M. Armand Gautier, délégués par l'Académie des Sciences, après avoir été témoins des faits chimiques exposés dans ce Mémoire et après les avoir contrôlés, ont bien voulu l'un et l'autre dans les comptes rendus de l'Académie 7 mai 1877, 31 janvier 1898, témoigner de leur précision et de leur nouveauté.*

Brive, imprimerie ROCHE, 27, avenue de la Gare.

Congrès International de Chimie Appliquée

Séance du   Juillet 1900

SECTION IV PRÉSIDÉE PAR M. LINDET

RÉSUMÉ succinct de la Communication faite au Congrès par M. A. GUILLEMARE, Inspecteur honoraire d'Académie.

La Chlorophylle se comporte comme un acide organique par rapport à toutes les bases salifiables connues en Chimie. Par ce fait, mieux que la Silice, ou acide Silicique, elle pourrait être également connue sous le nom d'Acide Chlorophyllique.

En effet, tous les feuillages verts des plantes dissous, à chaud, dans des lessives de soude caustique, constituent autant de dissolutions plus ou moins impures de Chlorophyllate de soude puisque, avec quelque précaution, il est toujours possible d'en précipiter la Chlorophylle sans l'altérer, la redissoudre, à froid et à volonté, dans la soude, la potasse et même l'ammoniaque ; puisque (circonstance décisive) l'une quelconque de ces trois dissolutions se comporte toujours et partout ainsi que le font prévoir les lois de Berthollet, pour les sels.

Désormais, ces trois Chlorophyllates, qu'il est facile d'avoir à l'état de pureté, permettront d'obtenir, industriellement :

1° Autant de Chlorophyllates analysables et distincts qu'il existe de bases salifiables, oxydes ou alcaloïdes ; et de plus,

2° En telle quantité que l'on voudra, la Phylloxanthine et les Phyllocyanates découverts et dénommés par M. Frémy en 1877. (Comptes rendus de l'Académie des Sciences du 7 mai).

N.-B. — La Phylloxanthine se conserve indéfiniment dans le pétrole *commercial* (huile ou essence indifféremment) qu'elle colore magnifiquement en jaune d'or, aussi vif que l'on voudra, et sans l'altérer en rien que ce soit.

Les Chlorophyllates et les Phyllocyanates terreux et alcalins-terreux sont très stables, et partant, utilisables en Industrie, et, en Médecine où ils sont appelés vraisemblablement, en raison de l'indiscutable innocuité de la Chlorophylle, à remplacer avantageusement les sulfates, azotates, chlorhydrates et autres sels employés pour l'usage interne.

A. GUILLEMARE,

Inspecteur honoraire de l'Académie de Bordeaux,
Ancien Vice-Recteur de la Réunion.

En Province : à St-Cernin de Larche (Corrèze).
A Paris : 36, rue Sainte-Anne, Hôtel des Etats généraux.

Brive. imp. Roche.

Adresse soumise à la haute Commission Scientifique convoquée par Monsieur Chaumié, Ministre de l'Instruction publique et des Beaux-Arts.

MONSIEUR LE PRÉSIDENT,
MESSIEURS,

Permettez, je vous prie, à un ancien fonctionnaire de l'Université de rappeler qu'en 1860 les Annales de Physique et Chimie ont longuement reproduit les travaux si importants de M. Isidore Pierre, doyen de la Faculté des Sciences de Caen.

C'est dans ce recueil que sont imprimées les laborieuses observations de ce savant *sur les Migrations* effectuées annuellement, en Mai, Juin, Juillet, etc., dans les végétaux par les principes immédiats et autres produits ayant tous, ainsi qu'il le constate, pour point de départ, *la Feuille,* et, pour point d'arrivée, les organes spéciaux où nous les trouvons emmagasinés.

D'autre part, au mois de Novembre de l'année dernière, Monsieur le Président de la Commission, l'éminent Secrétaire perpétuel, après avoir présenté à l'Académie des Sciences le Fascicule contenant la Réponse à cette Question : *Quels sont les principes immédiats qui constituent la matière verte des plantes en général?* a bien voulu lui faire le grand honneur de le déposer dans la Bibliothèque de l'Institut.

Est-il besoin d'ajouter que les faits si nombreux qui s'y trouvent relatés et ont servi à établir l'analyse immédiate de la matière verte, ont été longuement reproduits par leur auteur, devant une Commission nommée à cet effet par l'Académie, en 1896, puis contrôlés et attestés dans les Comptes-Rendus.

Après un ensemble de pareils témoignages on ne saurait mettre en doute que le grain chlorophyllien n'est pas simplement un organisme, un être vivant qui se multiplie à l'infini. Désormais, nous devons en outre reconnaitre en lui le premier, le plus important des acides organiques, moins à cause de sa grande profusion qu'en raison de la souplesse de ses affinités qui lui permet, pendant la vie, et même alors qu'il est séparé de la feuille et de son protoplasma, de prendre part à des combinaisons bien définies et dont le nombre est illimité.

Les deux documents signalés ci-dessus à l'attention de la Commission Scientifique ont entre eux une étroite connexité, et semblent se compléter.

Il ressort clairement de leur rapprochement que, dans l'état actuel des choses, le grain chlorophyllien ou acide chlorophyllique est bien la plus grande manifestation de la vie, apparue à une certaine époque, pour dominer le Règne minéral, pour édifier et rajeunir sans cesse le Règne végétal qui ne saurait se perpétuer sans lui. Inutile d'ajouter que, dans les conditions où nous sommes, la suppression de cet agent chimique, si elle était possible, équivaudrait à la disparition, à bref délai, de la vie, sous toutes les formes où elle se révèle sur notre planète.

Sans insister autrement, il semble bien, d'après ce qui précède, que les Migrations des principes immédiats et que l'Analyse immédiate de la matière verte paraissent devoir être étudiées en Biologie, en Physiologie et en Chimie organique élémentaire.

Si la haute Commission juge qu'il en est ainsi, elle consentira peut-être à accorder à chacune de ces questions, dans les programmes qu'elle a mission d'élaborer, la place qu'elles sollicitent dans l'intérêt supérieur de la vérité scientifique.

A. GUILLEMARE,

INSPECTEUR HONORAIRE D'ACADÉMIE.

Saint-Cernin de Larche (Corrèze), le 25 Octobre 1903.

Brive, imprimerie Roche, 27, avenue de la Gare

MÉMOIRE

PRÉPARÉ POUR ÊTRE SOUMIS AU CONGRÈS ANTI-TUBERCULEUX

SE RÉUNISSANT A PARIS, AU GRAND-PALAIS, DU 2 AU 7 OCTOBRE 1905

Essai d'identification du chlorophyllate de fer naturel avec le chlorophyllate de fer artificiel. — Moyen d'obtenir ce dernier en quantité illimitée et à vil prix. — Indispensable précaution à prendre pour leur conserver leur précieux pouvoir d'assimilation du fer.

Il y a treize ans M. Gabriel Viaud, vétérinaire de l'armée française, a fait connaître la précieuse propriété du fer qui se trouve être assimilable dans certaines plantes alimentaires, tel est le cas des épinards. Malheureusement ce métal ne s'y trouve qu'en très faible quantité. Néanmoins, les dites plantes sont journellement employées avec succès pour combattre les prodrômes de la phtisie.

L'année dernière, en 1904, la presse nous a fait savoir que messieurs les membres de l'Institut bactériologique de Vienne (Autriche), par une culture méthodique et rationnelle de la plante, ont obtenu dans cette voie de bien précieux résultats.

Or, quand on soumet à l'analyse élémentaire les feuillages d'épinards, à part la potasse qui s'y trouve parfois, l'on n'y constate, à côté du grain chlorophyllien et de son protoplasma, que la présence habituelle du ses-quioxyde de fer.

D'après cela, ne semble-t-il pas au premier abord, que nous surprenons la nature en pleine contradiction, ici, avec elle-même, puisque tout le monde sait que les oxydes de fer introduits dans l'appareil de la digestion (qu'ils soient mêlés ou non avec des substances alimentaires), le traversent sans avoir subi la plus légère modification.

Ainsi que l'on pouvait s'y attendre, l'apparente contradiction s'évanouit bien vite, si, faisant abstraction pour un moment du fer assimilable des épinards, le chimiste veut bien appliquer toute son attention sur la question qui se pose ici.

Le grain chlorophyllien, si abondant dans la plante qui nous occupe, ne serait-il pas un principe immédiat susceptible de se combiner avec les différents oxydes de fer qui sont eux-mêmes en chimie des principes immédiats ?

Or, Messieurs, voici en toute sincérité, sans erreur possible, le résultat auquel j'ai été conduit dans cette recherche.

Quand je jette dans une dissolution de soude caustique dont la température est portée dans le voisinage de 100° centigrades des feuillages verts, en particulier des feuillages d'épinards, tout ce qui est solide disparaît bientôt pour faire place à un liquide admirablement vert. Le limbe de la feuille, son pétiole, ses nervures et jusqu'au protoplasma des botanistes, ont été irrévocablement détruits par la soude caustique à la température indiquée ; seul le grain chlorophyllien reste ici intact, parce qu'il se trouve que cet être déjà reconnu vivant, puisqu'il respire et se multiplie, est en outre un agent chimique, un principe immédiat acide que nous appellerons désormais acide chlorophyllique, car il peut, à notre gré, former avec la soude du chlorophyllate de soude, avec les oxydes de fer des chlorophyllates ferreux ou ferriques, et, enfin, autant de chlophyllates distincts qu'il existe de bases salifiables, oxydes ou alcaloïdes.

Pour reproduire un résultat dont l'importance, en raison de ses applications, pourrait peut-être dépasser ici toutes nos prévisions, et surtout pour permettre à chacun de le contrôler, procédons ainsi qu'il suit :

Prenons chez un droguiste un litre et demi de lessive de soude marquant 42° Beaumé et doublons son volume avec de l'eau du ciel.

Ces trois litres de lessive de soude caustique maintenus dans une bassine en cuivre à la température de 100° centigrades, à l'aide d'un bain-marie, nous permettront d'y dissoudre successivement et sans difficulté, dix kilos de feuillage d'épinards récemment cueillis.

L'on obtiendra ainsi de onze à douze litres d'une liqueur verte marquant environ 13° Beaumé, elle contiendra, mêlé au reste de la plante dissous dans la soude, le chlorophyllate de soude annoncé. L'on pourrait obtenir, après refroidissement et décantation, en procédant conformément aux lois de Berthollet par voie de double échange avec une dissolution d'un sel ferreux ou ferrique, le chlorophyllate de fer que nous voudrons, puisque le tout jeté sur un linge recouvrant un tamis nous donnera de suite un précipité qu'il n'y aura plus qu'à laver à grande eau.

Mais, en procédant d'une façon aussi rapide, on aurait le droit de nous objecter que la pureté du produit n'est pas démontrée, et en outre, ce qui serait plus grave, que l'identification de l'acide chlorophyllique avec le grain chlorophyllien reste à mettre en évidence.

Procédons, pour répondre à ces deux objections, d'une façon un peu plus lente mais plus conforme aux exigences de la science.

Reprenons nos douze litres de liqueur verte marquant 13° Beaumé, elle est refroidie ; pour rendre les opérations plus faciles, saturons, autant que possible, la soude libre avec de l'acide carbonique, décuplons son volume avec de l'eau, nous avons donc 120 litres d'une liqueur dont, pour plus de sûreté encore, la température sera maintenue avec de la glace dans le voisinage de 10° centigrades.

D'autre part, avec 10 litres d'eau à la température de 10° centigrades, après y avoir ajouté assez d'acide chlorhydrique commercial pur pour qu'ils marquent 7° Beaumé, nous serons en mesure de précipiter cette fois l'acide chlorophyllique ; prenons à cet effet un vase en verre de forme cylindrique, remplissons-le à moitié avec la dernière liqueur alcaline décrite et que nous ne cessons d'agiter en y laissant arriver, sous un mince filet, l'eau acidulée.

On observe bientôt dans la liqueur alcaline un changement progressif, sa couleur verte s'affaiblit peu à peu, puis disparaît.

En y ajoutant encore de l'eau acidulée, un précipité blanc-verdâtre apparaîtra et bientôt envahira toute la masse que l'on jettera alors sur un linge recouvrant un tamis en crin.

Pour obtenir ce précipité pur, débarrassé de tout corps étranger, on le lavera plusieurs fois à grande eau, puis finalement avec de l'eau distillée.

En le laissant simplement s'égoutter il prendra cette belle teinte franchement verte que nous connaissons au grain chlorophyllien dans les feuillages des végétaux.

C'est bien lui, en effet, et cependant c'est bien un acide car il se redissout instantanément et à froid dans de l'eau distillée à laquelle nous avons ajouté une très faible quantité, à notre gré, de potasse, de soude, ou d'ammoniaque caustiques.

Remarquons que les trois liqueurs ainsi obtenues sont également d'un très beau vert et que toutes les trois interposées entre un bec de gaz ordinaire et le spectroscope reproduisent le spectre caractéristique de la chlorophylle, un spectre dans lequel deux raies noires recouvrent, la première les 20ᵉ et 21ᵉ degrés, la seconde les 26ᵉ et 27ᵉ degrés, le micromètre étant réglé de telle sorte que la raie D de la soude coïncide avec la 40ᵉ division. Est-il besoin de rappeler que par le spectre caractéristique on entend désigner celui que donne la liqueur verte et alcaline, qui contient tout le feuillage dissous par la soude à 100°.

L'on arrive au même résultat si, au lieu de la potasse, de la soude ou de l'ammoniaque, on se sert de l'alcool de l'éther, ou du pétrole commercial pour dissoudre notre précipité, ces trois nouvelles liqueurs nous donnent également le spectre caractéristique de la chlorophylle.

L'identité du grain chlorophyllien et de l'acide chlorophyllique ressort nettement de ces constatations.

Ici se place une observation qui pourrait, il me semble, avoir une bien grande importance si vous devez, Messieurs, faire entrer l'acide chlorophyllique dans le domaine de la thérapeutique, la voici donc :

Pour identifier l'acide chlorophyllique nous l'avons pris au moment où il venait d'être précipité de la première liqueur verte alcaline et sodique, pour le redissoudre dans les diverses liqueurs potassique, sodique, etc., et l'expérience a pleinement réussi.

Il en eût été tout autrement si nous l'avions entièrement desséché en le maintenant dans une étuve dont la température est de 40° et dont l'air se renouvelle sans cesse, ou bien encore si l'on avait eu recours à la dessiccation même spontanée, soit dans le vide, soit dans l'air, le précipité eût fait alors place à un corps solide d'un très beau vert, d'une conservation indéfinie, même dans l'air, mais on ne peut plus identifier ce corps avec le grain chlorophyllien, car il n'est plus soluble dans les divers dissolvants de ce dernier, parce que très probablement il a perdu les dernières traces d'humidité que conserve le grain chlorophyllien dans sa feuille et peut-être, avec cette indispensable humidité, l'insaisissable élément, le radium sans doute, que le soleil apporte à ce dernier, au moment de sa naissance.

Nous pouvons sans tarder faire une importante application de la remarque qui précède, puisque l'acide et le grain vert sont identifiés. D'après les lois de Berthollet si nous mélangeons avec l'un des trois chlorophyllates alcalins une dissolution d'un sel ferreux ou ferrique, à notre volonté, nous sommes certains d'obtenir un sel dont l'acide ne sera autre chose que le grain chlorophyllien tel qu'il existe dans les feuillages d'épinards, il est évident qu'il en sera de même pour la base, cela n'est pas moins certain, puisque nous pouvons lui adjoindre à notre gré tel oxyde de fer qu'il nous plaira, ferreux ou ferrique.

Nous l'obtiendrons non seulement avec la plus grande facilité en telle quantité que nous voudrons, mais encore avec une non moins remarquable économie, puisque tous les matins, aux Halles centrales de Paris, pour la modique somme de dix francs, l'on peut se procurer 100 kilos de feuillages d'épinards fraîchement cueillis et qui permettront d'obtenir au moins 60 kilos d'un sel de fer tel qu'il existe, mais en si faible quantité, dans la précieuse plante.

Ce chlorophyllate de fer, quoique artificiel, n'en sera probablement pas moins entièrement assimilable que le chlorophyllate naturel, mais à la seule condition qu'il conserve comme lui, jusqu'au moment où il sera employé, au moins le degré d'humidité qu'il possède dans les feuillages verts et frais, puisque si on lui enlève ou s'il perd même spontanément cette humidité, l'acide chlorophyllique, nous l'avons vu, fait place à un corps inerte qui ne peut plus être identifié avec le grain chlorophyllien. Dessécher le chlorophyllate de fer assimilable reviendrait donc, en détruisant son acide, à le détruire lui-même, puisqu'on remplacerait ce dernier par un corps inerte non assimilable. Voilà donc qui indique clairement la nature des précautions qu'il sera indispensable de prendre en ce qui concerne le chlorophyllate artificiel de fer, *à partir du moment où il sera obtenu jusqu'à celui où il sera employé*, si l'on ne veut pas s'exposer à lui faire perdre *en partie* ou *en totalité* la précieuse propriété d'enrayer, dans leur marche, les prodrômes de la phtisie. Cette nécessité n'étant pas une difficulté, je n'insiste pas davantage ; j'ai montré comment on peut sans l'altérer, séparer de la feuille qui l'abrite le grain chlorophyllien, un être exceptionnel, unique dans la nature, car il est vivant puisqu'il respire et se multiplie, ce qui ne l'empêche pas d'être un agent chimique dont la puissance de ses affinités, comparable à celle des acides minéraux, nous a permis d'obtenir en aussi grande quantité que l'on voudra et à vil prix, un chlorophyllate de fer si rare dans certaines plantes.

Mon rôle prend fin ici et en même temps commence celui des hommes éminents qui vont faire partie du Congrès antituberculeux. Seuls, en effet, ils ont la possibilité d'expérimenter dans les sanatoria et dans les dispensaires sur une grande échelle, à leur gré, le chlorophyllate ferreux ou le chlorophyllate ferrique. A eux seuls appartient l'autorité nécessaire pour se prononcer sur leur emploi, pour nous dire, peut-être, que désormais ils sont armés pour enrayer dès l'école, chez les enfants des deux sexes, les prodrômes de la phtisie, pour les prémunir contre le terrible fléau qui menace toute l'humanité. Puissè-je avoir, par cette note, contribué à un résultat aussi désirable !

A. GUILLEMARE,

Ancien Membre de l'Université, ordre des Sciences,
Inspecteur d'Académie honoraire,
Ancien Vice-Recteur de la Réunion.

Saint-Cernin-de-Larche (Corrèze), 20 septembre 1905.

BRIVE IMP. ROCHE, 27, AVENUE DE LA GARE